U0146588

東大教授告訴你，Science也不知道
大腦的26個怪癖

脳には妙なクセがあ

理解大腦運作，人生變得輕鬆又有趣

池谷裕二◎著
陳冠貴◎譯

前言

獲得優勝時，心情最好了。

從事科學的樂趣，就在於發現的喜悅。當發現到尚未有人看到的事實，就會感受到如獲得優勝般的瞬間激動快感。

這份快感當然不限於科學。不論是在運動會上，還是考試中，只要獲得第一，心情都會很好。

咦？得第一的就只有天賦異秉的人？不對不對，沒那回事，不管是誰，都有得第一的經驗。

每個人一生至少應該會有一次。如果是在自己還很年幼的時候，可能是因為太久而沒有記憶。

就是在比出生更早之前，對，當你還是精子的時候。你游泳得了第一名。

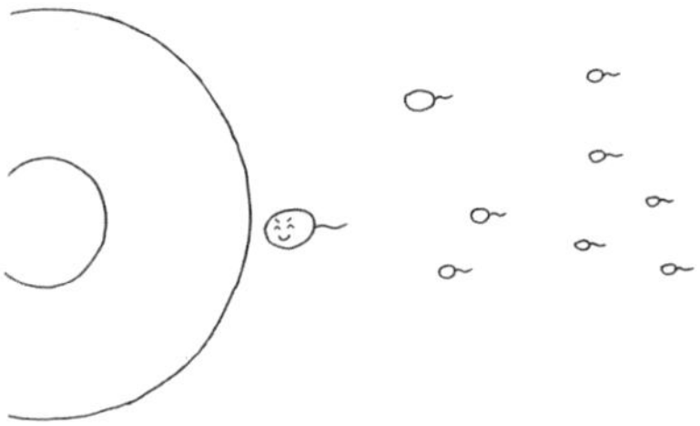

雖不知是怎樣的因果，但結果就是，我們出生為人，被撫養成人，被賦予了生而為人活下去的命運。

人是因為有生而為人的自覺，才會更像個人。在人類社會中經歷磨練後，才會真正成為一個人，然後也像個人般死去。

生存的意義是什麼？——我在大學執教鞭時，曾有年輕的學生這麼問我，我都是如此回答：「尋找此意義的過程，正是人生存的意義，不是嗎？」

生存的目的應是因人而異。不，其實意義或目的，打從一開始就不存在。只是，我認為窮盡一生而去尋找的過程，正是眾人共通之處。

法國哲學家巴斯卡（Blaise Pascal）將人比喻為「會思考的蘆葦」。可是，若只有思考，狗或猴子也會。不如說，人類固有的能力，應該是質問意義何在的懷疑能力。

正因如此，既然生為人類而活下去的命運，是已注定且得來不易的，不論哭泣或悲傷，都希望能開心地繼續提出疑問——我是如此盼望的。要感嘆也好、變得厭世也好，或要苦惱也好。即使如此，最基本的，還是要常保積極的態度，帶著笑容活下去。為什麼要這麼說呢？因為既然你游泳得到了優勝，心情當然會很好。

我就是以這種想法來寫作此書的。我每天都不偷懶，日日伏案寫作。在本書中，我將會接二連三地提出許多話題。

用書籍來呈現氾濫的資訊，很容易會模糊焦點。為了避免這點，就讓我先明確談談此書的整體架構吧。

本書的骨幹在於第十一章（腦怪癖11）、二十二章（腦怪癖22），以及二十六章（腦怪癖26）。我在這三章中描繪了我的大腦觀。時間忙碌的讀者，可以從這些章節開始讀，就能掌握住我傾注於此書的訊息。

有時間的讀者，則請從頭慢慢讀起，我將會感到很欣慰。本書中滿是腦科學的最新見解。即使是小笑話，但我的觀點始終如一，我認為，到最後，讀者應該能感覺書中的所有訊息是會逐漸歸納起來的，而且會意外發現，題外話反而都比較有趣。

不限於本書，我的推廣活動主題一直都是從腦科學的觀點，來思考「如何活得更好」——為了達成這個目標，若讀者能活用腦科學的成果，就是身為作者，以及身為大腦研究者無上的幸福。

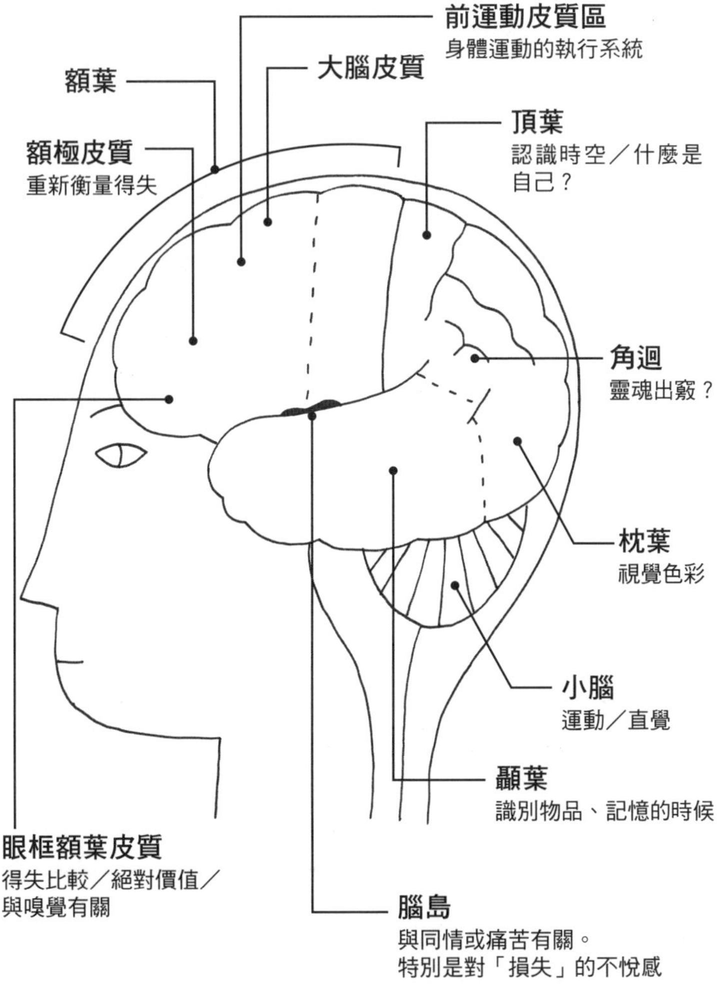
前運動皮質區
身體運動的執行系統
大腦皮質
額葉
頂葉
認識時空／什麼是自己？
額極皮質
重新衡量得失
角迴
靈魂出竅？
枕葉
視覺色彩
小腦
運動／直覺
顳葉
識別物品、記憶的時候
眼框額葉皮質
得失比較／絕對價值／與嗅覺有關
腦島
與同情或痛苦有關。
特別是對「損失」的不悅感

常在本書中出現的腦部位①

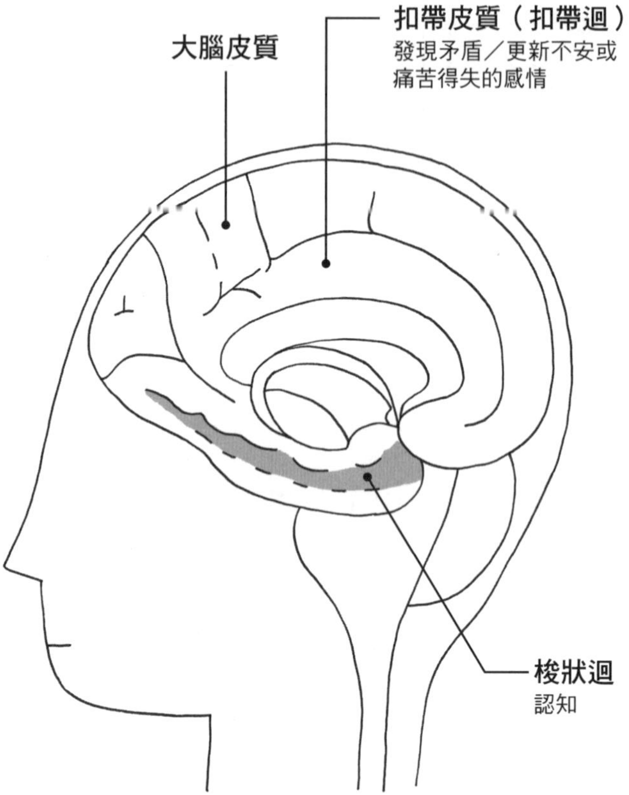

常在本書中出現的腦部位②

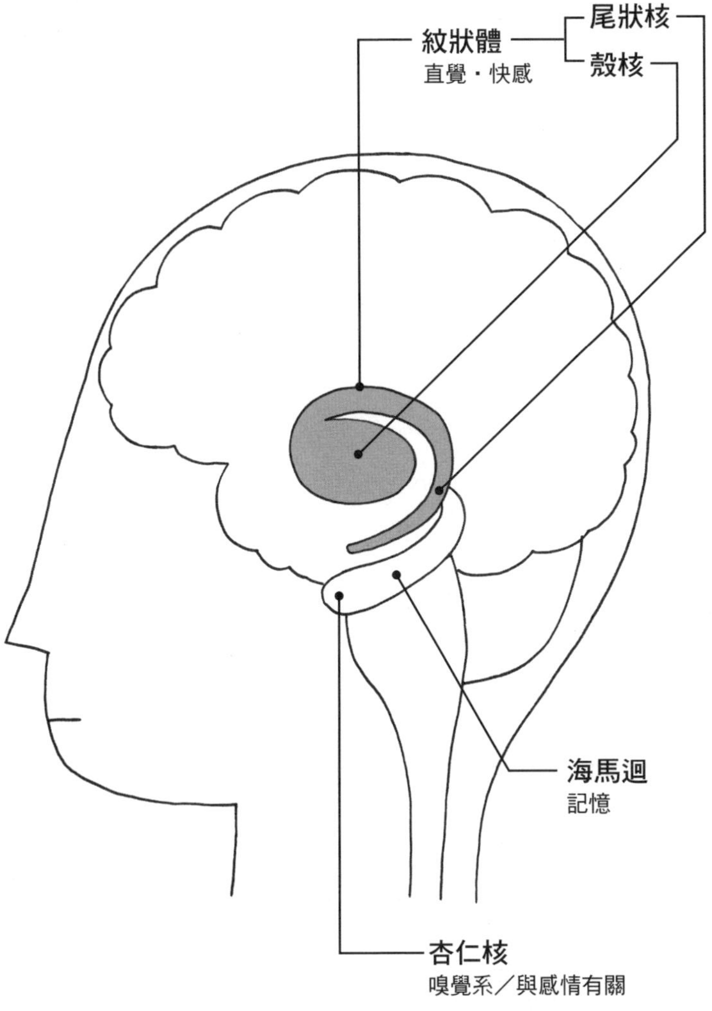

常在本書中出現的腦部位③

1 腦怪癖

IQ高
腦越大越聰明？

腦越大越聰明？

頭腦的好壞與腦的大小成比例。因此，只要看腦的大小，就能知道你的智力——「怎麼可能！」我想應該有人會發出這樣的質疑。

討論這個話題以前，先讓我們來試著思考一般動物的情形，從物種之間作比較。原則上來說，以進化的角度來看，被視為高等動物的腦比較大，譬如沙丁魚和雨蛙的腦相對較小，而以高度智能著稱的黑猩猩或人類的腦則相對較大。

但事實上也有例外，因此腦越大並不一定代表智力越佳。以腦的重量來說，大象或鯨魚就遠比人類要重。就算以相同的人屬來說，尼安德塔人的腦重量比現代人還重。不過一般認為，現代人的智力比較高（當然，也不能否定尼安德塔人擁有超越人類的智力）。換句話說，腦大並不代表智力就高。

因此，我們接著會想到的可能性假說就是，「決定智力的並非腦的大小，而是相對於體重的比例」。譬如人類的腦部重量占總體重的三十八分之一，大象是五百分之一，至於鯨魚則僅有二千五百分之一。換句話說，大象或鯨魚因為體積大，使得腦相對比例變小。

然而事情並非這麼單純。因為老鼠的腦重量是其總體重的二十八分之一，比人腦相對的比例還高。

像這樣，比較各種動物的腦，發現一般來說，越小型的動物，大腦在相對體重的比

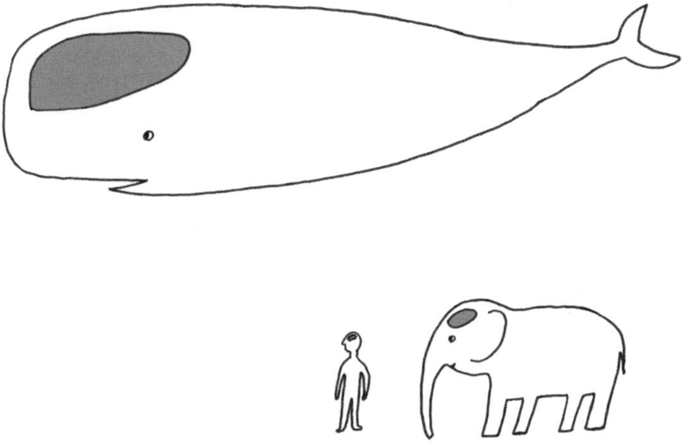

人腦的重量是總體重的三十八分之一；大象是五百分之一；鯨是二千五百分之一

例就越大；相反的，越大型的動物，比例就越小。亞利桑那大學的考爾德（Calder, WA）博士詳細調查了這個關聯性，發現「腦的重量是體重的〇・七五次方」這個驚人的規則，而這規則就被稱為「scaling」（尺規法則）。只要代入體重，就能算出動物的腦重量，是很卓越的公式。

然而，也有不適用於 scaling 黃金公式的動物，那就是人類。比起 scaling 式子的結果，人類的腦是偏重的。換句話說，相較於貫串動物界的普遍規則，人類擁有例外的巨大腦部，也就是相對身體比例而言，人腦太大了。

ＩＱ超過一二〇、出類拔萃的大腦秘密

那麼，讓我們回到本章開頭的疑問，也就是人類之間的比較。智力高的人是否擁有比較大的腦呢？

加州大學的那魯（Narr, KL）博士對「腦的大小與智商（ＩＱ）的關係」做過詳細的調查。雖說只有很小的關聯性，但結果發現，腦越大的人，的確ＩＱ越高。特別是「大腦皮質」的部分，皮質越厚ＩＱ就越高。博士進一步解析資料，原來皮質中的決定性因素是「前額葉皮質區」與「後顳葉」。

換句話說，雖然可以想見，「腦可以顯示智商嗎？」這個問題的答案，但以科學的角度來看，答案似乎是「對」的。

不過，仔細看博士的研究資料，會發現皮質的厚度確實與ＩＱ相關；但有人雖然皮質厚ＩＱ卻不高。為什麼會有這麼大的個人差異？能夠解開這個謎題的線索，就是美國國立衛生研究所蕭（Show, P）博士的研究。

根據蕭博士的研究，「大腦在幼年期的成長，對ＩＱ有更為重要的影響」。的確，ＩＱ在一〇九以上的人大腦皮質是較厚的。

聰明與平庸者出現明顯的差異，是取決於九歲到十三歲間大腦的發展。也就是說，我們的大腦並非從出生起，皮質就是厚的。

還有個有趣的事實。若試著追溯ＩＱ超

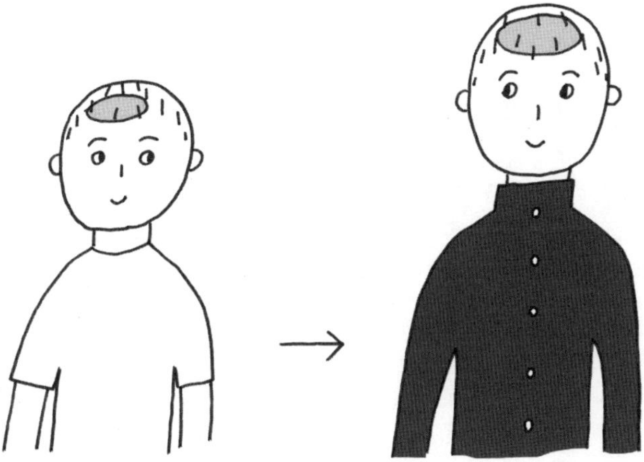

9到13歲，大腦皮質會持續發育。

過一二〇、出類拔萃者的大腦，在幼年時期的發展，譬如七～九歲的時候，會發現，這些人的大腦皮質反倒比平均還薄。之後到十三歲為止會快速增厚，形成出色的皮質。

或許是為了將來的增厚，在年幼時才要保持較薄的皮質。這就是常言的「大器晚成」。雖然以前流行過「後天養育比先天更重要」，但近年則被修正為，「若從營養狀態來看，母親為了不增胖而控制飲食，對胎兒並不好」。但若談到出生以後對腦的培育，「一開始小，之後再急速成長」，這個過程，可能反而是好現象。

擅長運動的學生，讀書的成績比較好？

關於ＩＱ的話題，請務必讓我談談運動與讀書的關係。在我還是小學生的時候，班上有個同學，他「讀書好，運動也好」，擁有著實令人羨慕的才能，很受歡迎，也很有異性緣。

運動與學習能力的相關性，自古以來就有著各式各樣的爭辯。觀察近年的腦科學知識會發現，「有關聯」的肯定意見是較受重視的。美國伊利諾伊大學的希爾曼（Hillman, CH）博士在專業雜誌上，對「運動對腦機能的影響」這個科學知識發表了詳盡的解說。透過紮實的調查，他查明了以下的數據。

希爾曼針對公立小學三年級與五年級學生，大規模調查了運動能力與學習能力的關係，並發現這兩者之間有正相關。換句話說，「擅長運動的學生，專注力高，學習成績比較好」，兩者有非常直接的關係；特別是健美操等有氧運動，與學習能力更是有一致的相關性。

相反的，身體質量指數（BMI）較高的學生，也就是有點肥胖的學生，在學業成績上則有偏低的傾向。

只不過需要注意的是，面對像這樣的數據，不能簡單把它解釋成「胖子是呆瓜」。這是因為，肥胖但成績優秀的人還是很多，反之亦然。但我們在收集整體數據時，的確有著「肥胖與學業成反比」這個統計學上的關聯（有意義的相關）。

統計學的關聯並不代表因果關係。若考慮不周，僅解釋數據，並套用在自己周圍特定的個人，就可能會引起不必要的誤解或歧視，因此絕對要避免。我認為，較適宜的態度是，頂多把這個結論當成是一種休閒話題即可。

美國加州的教育部也對運動與學習能力發表過相似的數據。這份數據更有趣，是以不同科目來分析。關於運動能力，譬如以二十公尺的「反覆折返跑」來說，與這個成績有最強關連性的科目是「數學」。運動與數學的成績，竟然有百分之四十八的一致比率。而關於語文的閱讀理解能力，也有百分之四十的一致率。

在理解讀書的內容時，會活化前額葉皮質區與「扣帶皮質區」；在計算時則是「頂內溝」等區塊會活動。若是孩子的情況，則連「背側前額葉皮質區」也會跟著活動起來。其實，這些範圍也是在做有氧運動時大腦會活動的部位。也有研究者推測，或許因為這樣，運動與學習能力才會產生正向的關係。順帶一提，訓練肌肉或柔軟體操則會活化大腦的其他範圍，但一般不認為這與學業成績有重要關聯。

大腦衰老的錯覺

年長者的情況又如何呢？讓六十歲到八十五歲的人，接受為期十週的有氧運動訓練後，發現他們在視聽覺認知測試的成績出現明顯進步。這個測試是極需注意力的試驗。成績進步的意思，可以解釋成注意力提高。因此可見，注意力是可以鍛鍊的。

順帶一提，我認為「因為體力衰退，所以隨著年紀增長，注意力就會渙散」。譬如有人年紀大了，就沒辦法長時間讀書。似乎有許多人認為，這是「大腦的老化」，以為大腦容易疲累，注意力就難以持續。

不過，對於平時就專門觀察腦功能的我來說，我認為，大腦本身並不會老化得那麼嚴重，先衰老的其實是「身體」。因為長時間讀書，必須維持相同的姿勢許久，請試著想想這得耗上多少持久力與肌力？若沒有體力，讀起書來應該就會困難許多。為了集中心力於某樣事物上，就需要有一定的體力去注意保持那樣的姿勢。體力衰退——感覺「腦衰老……」的人，是否就是出現了這樣的錯覺？

美國的衛生及公共服務部*發表了「一天做三十分鐘適度運動」的指導方針，但實際上，有百分之七十四的美國國民未能做到。加拿大曾概算過，只要解決老人運動不足的問題，就能節省全國約百分之二・五的醫療費。

*註：United States Department of Health and Human Services, HHS（相當於台灣的衛生署）。

大腦並沒有想像中容易衰老，先衰老的其實是身體……

有氧運動能提高專注力！

2

腦怪癖

喜歡自己

別人的不幸是我的甜蜜

活化不安的腦迴路

嫉妒或自卑感屬於**社會性情感**的範疇。因為這不是獨自一人會產生的情感，而是透過與別人比較才會產生的。雖然從猴子或狗也能觀察到類似嫉妒的行為，但不管怎麼說，我們人類所產生的心情是更為強烈的。

換句話說，探索這種情感根源的研究，還是必須用人類來做實驗。請讓我來介紹最近頗有意思的研究。

首先從英國倫敦大學倫敦國王學院腓特烈（Friederich, HC）博士的研究開始介紹，著眼的是促使女性憧憬苗條身材的機制。

女性看到模特兒的身體，會怎麼樣反應？（改自NeuroImage 37：674-681, 2007）

在先進國家長大的女性，對自己身體不滿的感覺特別強烈。實際上，用ＭＲＩ（核磁共振成像裝置）來檢查這些女性的腦活動會發現，女性的腦對有關身體的語言特別有反應。從這種數據可知，對身體的自卑感是來自於社會文化的環境，是後天被灌輸的心態。不用說，這個主因就是媒體。出現在時裝雜誌或電視上極度瘦削的女模，她們的身材就是許多女性認為的理想「好身材」。

凱文・湯普森（Kevin Thomson）的著作《Exacting Beauty》（絕對的美女）寫到，「女性的理想美，就是極端（也就是幾乎所有婦女都無法達到的程度！）強調瘦身」。這現象擴大成社會比較論風潮，「結果就是，這種外在的價值標準降低了自尊心」。要是發展過度，就容易造成厭食症或憂鬱的傾向，不能一笑置之。

腓特烈博士聚集了十六歲到三十五歲的十八名女性進行研究。她們的ＢＭＩ是很平均的十七・五～二十五・〇。博士給她們看模特兒的照片，促使她們將瘦削身材與自己本身做比較，然後用ＭＲＩ記錄她們的腦活動。

結果發現，當她們看到模特兒的身體，有幾個腦部位會出現較強的活動，像是「前扣帶迴皮質」與「杏仁核」等等。這些腦部位是有關不安情緒與痛苦的位置。

我認為很有趣的是，與別人比較，會活化「不安」的腦迴路這件事。我們都知道，在

與別人比較，會讓「不安」的腦迴路活化（改自NeuroImage 37：674-681, 2007）

自己內心的自卑感或嫉妒，與所謂的不安是不同的感情。正因如此，「自卑感」「嫉妒」這些詞彙，是特別不同於「不安」的表現。

不過，在腦活動的數據上，似乎略微透露出，不安與自卑感其實是共同的動物情緒。出乎意料的是，這些情緒在演化上或許有共同的根源。從這樣的觀點來看，可以發現，腓特烈博士在論文中，不是用「自卑感」「嫉妒」這些詞彙，而是頻繁使用「不安」來表現。

大腦對別人的不幸會感到快樂

最近，有一項對「嫉妒」這個情感更加社會性的比較研究，也就是日本高橋英彥博士在放射線醫學綜合研究所進行的實驗。這個實驗由平均二十二歲的十九位男女參加，請受試者想像以前的同學們過著社會上成功而令人羨慕的生活景象。結果和剛才提到腓特烈博士的實驗一樣，扣帶迴皮質會有所活動，產生類似不安與嫉妒的情感。

此外，在這個研究中，還嘗試了更刺激的實驗，記錄了當受試者得知「這個理應令人稱羨的同學，因為意外事故或另一半外遇而陷入不幸」的腦部活動。因為嫉妒對象的殞落，一如預料的，扣帶迴皮質便停止了活動。然而頗有意思的是，此時「依核」會取代扣帶迴皮質而開始活動。

依核是產生快感的腦部位，也就是所謂的「獎賞系統」。只要心情好就會有感覺。有趣的是，扣帶迴皮質活動越強的人，依核的活動也越強。

「幸災樂禍」這個詞彙，意指對別人的不幸感到喜悅的情感。這種對別人的失敗感到喜悅的露骨行為，在社會上被認為是「鄙俗的心態」而遭到嫌惡。可是，高橋博士的研究數據，卻顯示出幸災樂禍不折不扣就是屬於腦迴路的感情。無論怎樣掩飾表面而表現出同情的樣子，對別人的不幸而感到愉快的心情，仍是腦中所具備的本有感情。

獎賞系統可以說是對大腦的獎賞。獎

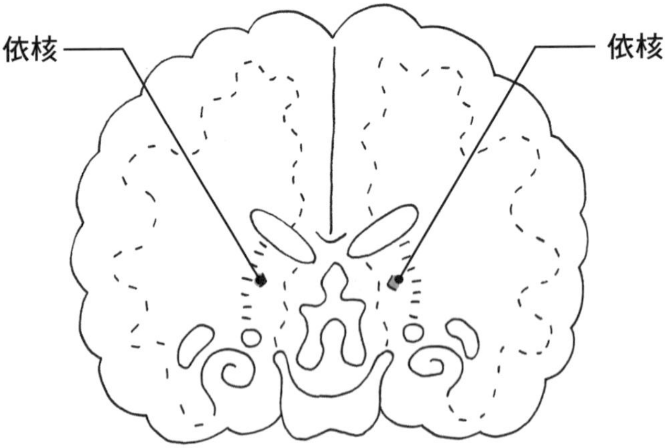

依核是產生快感的「獎賞系統」腦部位。

賞也與幹勁或動機有關。這樣想來，「將別人的不幸化作前進的動力」來鼓勵自己，是一般人普遍的心理傾向。若是如此，從生物學的觀點來看，是否可以僅是簡單地將這樣的心態斷言為「鄙俗」「自卑」呢？實在是很難說。

幸災樂禍的程度，男性要比女性強。這種性別差異則有待今後的研究。

腦自以為可以「辦得到」

讓我們回到與別人比較的話題。

有數據顯示，腦會自以為自己「辦得到」。不過這是美國的數據，必須排除掉其中可能反映出的民族性差距。但這是很有意思的數據，以下就讓我來介紹給各位。

這個數據來自對一百萬名美國高中生進行的問卷調查，其中有百分之七十的高中生認為，「自己的領導能力是在同班同學的平均值之上」。另一方面，自我評價為平均值以下的人僅百分之二。若將這些數值以「平均值」的概念來思考，是很矛盾的，因此可知，人類有高估自己的傾向。

此外，在關於「比別人更能完成事情的能力」，回答「自己在全體的前百分之二十五以內」，這些學生有百分之六十以上，這點很有趣。而對大學教授們的研究，則有百分之九十四的人相信，「自己比其他教授同事還優秀」。或許是因為教授這個職位讓他們本人有著「自己是被選出的菁英」的想法，才會出現這個特別極端的數值。

同一份問卷，讓以「謙虛」為美德（或許吧）的日本人來做，過度自信的程度就會略微降低。不過，有專家指出，這只是表面，無論是何種國家的人，內心應該和歐美人是類似的。

的確，不是討論調查對象的能力，而是討論人的個性時，數據就會變得很真切。即使是日本人，也有許多人自我評價為，「自己的公正性是在平均值以上，而所持有的偏見，則在平均值以下」。

產生慣性快感的地方

發生這種奇妙現象的理由有很多，我們可舉其中一個「訊息的bias（偏誤）」來當例子。父母或老師都會訓斥自己，可是隨著年齡的增長，或是社會地位提高，訓斥自己的人就變少了。若當上了教授，周圍更是會充滿「真不愧是○○老師」「謝謝您細心又淺顯易懂的解說」「您真的一直都很忙呢！」這種會激起自尊心的聲音。雖然當事者也知道這是奉承話，不過若長年被這種聲音包圍，自然會以為「自己很優秀」。

根據日本自然科學研究機構生理學研究所定藤規弘博士的實驗顯示，當人從別人那裡得到「可以信賴」或「有禮」之類的好評時，「依核」就會開始活動。如前所述，依核是獎賞系統。這是個會在得到金錢，或是勝過別人時而有所活動的腦部位，也就是產生慣性「快感」的地方。

大腦很明顯的會「對自己的評價是優良的」這件事產生快感。會注意喜好的資訊，相反的，在無意識中則會排除討厭的資訊，這是很自然的事。這樣的結果造成，我們只會將事物理解成自己想看的樣子，解釋成心理所想的模樣，**在腦中實現自己的願望**。對當事人來說，這實在是種自我感覺良好的過程，因此很有可能成為

發展出「我很行！」的過度自信歷程。

陷阱。

沒有一位社長是軟弱的

這種無法正確判斷自己的傾向，既然是判斷失誤，自然就會讓人在乍看下會覺得是缺點。若是如此，為什麼在進化過程中沒被淘汰呢？愛丁堡大學的強森（Johnson, DD）博士提出了頗有意思的假設。他用電腦進行模擬，證明了錯誤高估自己能力的人，在競爭時常常會出現有利的表現，而在團體中占有優勢。不迎戰就不會獲得勝利，因此不顧後果，反而能幫助自己踏出成功的第一步。

我們的確很難看到「總是沒自信」的軟弱社長，或許過度高估自己，就是身為領導者的必備資質。有自信或自豪於自己所從事的工作，這種人既閃亮又有魅力。

只不過，日本社會似乎一般也認為，至少表面上的「謙遜」很重要。當發覺大腦在無意中過度高估自己時，只要表現出一點謙遜的態度，就能成為適度的自我評價。「越飽滿的稻穗，頭垂得越低」——中文就有著這麼一句好格言。

「自尊」與「pride」的差別

在字典中查詢「自尊」這個詞，有「自大、自尊心」的意思。所謂的「自尊」究竟是什麼呢？引用字典上所寫的，就是：「意識、主張自己的尊嚴，不受別人的干涉而意圖維持品格的心理、態度」。想要維持品格的「意圖」就是重點所在。

另一方面，用英文字典查「pride」會發現，這個字詞的意義稍微有點不同。根據袖珍版牛津英英辭典的解釋，意思是「達成值得光榮的某事，從擁有工作或事物的品質，來獲得深厚的歡喜或滿足的感情」。

比較中文與英文「pride」的差別，我認為頗有意思，因為這二者的本意恰恰相反。中文的著眼點放在「維持品格」的行為本身，或是到達這個目標而做的努力。一面注意別人的眼光，一面自我主張，小心維持或保持面子。換句話說，pride 是依他人的存在，所做出的相對判定，可以勝過別人，這個過程正是 pride。

另一方面，英語 pride 的主體始終是當事者的「感情」。自己感覺有尊嚴，或是受到別人的尊敬，而享受到喜悅，這就是 pride。也就是說，相對於英語的 pride 會伴隨著愉悅感，中文的「自尊」並不一定會伴隨同樣的情感，反而因辛苦保持體面，而感到痛苦。

「驕傲」與「喜悅」是不同的感情

讓我再介紹另一個高橋英彥博士的研究。這個研究招募了十六位自願的日本人，比較他們感覺到 pride 時，以及感覺喜悅時的腦部活動。透過讓實驗對象閱讀相關文章，做出(1)引起 pride 的情況、(2)引起喜悅的情況、(3)中立情況，這三種感情。

產生 pride 的例子有：「從最高學府畢業」「數學得到滿分」這些狀況；另外關於喜悅則使用「得到聖誕節禮物」「吃了最喜歡的蛋糕」等。「因為感冒而去買藥」「收看電視的體育新聞」之類則被視為中立狀況。

比較這三種狀況的腦部活動，可以知道，當人們在感到 pride 的情況下，有關「社會性認知」的腦部位會活動。此外，在感到喜悅的情況下，則是與「快樂」或「食慾」有關的腦部位會活動。

也就是說，從這個實驗可以看出（至少對日本人而言），「驕傲」與「喜悅」是不同的感情。

這個實驗若以日本人與歐美人來做比較，一定會得到有趣的數據，關於這點，還有待今後的發展。就讓我們先關注在「感到 pride 的時候，感知社會性的腦迴路會活動」這項事實上。

看來 pride 果然是因意識到別人的存在才會產生的，起因就是人際關係的感情。

「pride 是美德的泉源」——這是法國思想家尚福爾（Nicolas Chamfort）的名言。當然 pride 過高會欠缺社交性，不過一般而言，我認為互相尊重彼此的 pride，才會產生溫和而有生命力的社會。

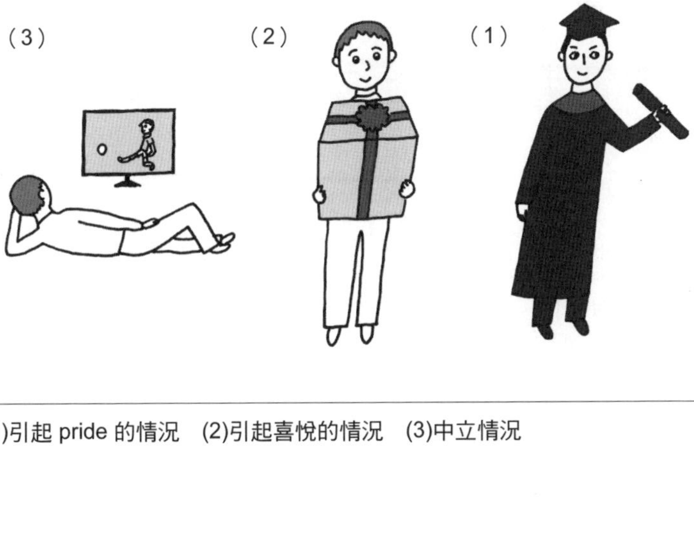

(1)引起 pride 的情況　(2)引起喜悅的情況　(3)中立情況

3

腦怪癖

想要相信

腦如何判定「信任度」？

愉快氣氛下尤其要注意

沉浸在愉快氣氛中，尤其要注意——根據美國俄亥俄州立大學朗特博士的研究，導出了這樣的結論。為了調查心理狀態對人在做判斷時會造成怎樣的影響，進行了五種實驗，結果可知：「當處在愉快的情緒中，人容易接受表相，而有輕率地做出判斷的傾向。」

譬如這個實驗：讓參加者按照題目來寫短篇作文，並創造愉快的氣氛，以及不是那麼愉快，而是如平常般的氣氛。接著，給他們看各種人臉的照片，並要求他們判斷照片中的人是否可以信任。這些照片透過製圖軟體製成，從臉型福態、眼睛圓圓的，看起來很柔和人，到留著鬍子、面孔冷硬的人，各種類型都有。

實驗結果得知，當處在平常心的時候，人不會流於只看表面的印象，而能做出謹慎的判斷；相較之下，當心情愉快時，對於看似善良的人就會產生信賴感，對看似壞人的人則會產生不信任感，這種單純依照外表來做判斷的傾向就會增強。

朗特博士推測，「感覺愉快的時候，謹慎分析資訊的動機就會減少」。更進一步可提出以下例子，證明在「商務現場也一樣」——「與顧客開重要會議時，或許你會為了使對方心情好而準備高級便當，不過，如果你仍未取得對方充分的信任，這個意圖可能會適得其反」。要是如此，你就會錯過難得的表現機會了。

哪種長相的人是「可以信任」或「不能信任」的人？

腦如何判定信任程度

接著來介紹關於信任感的有趣研究。

請與不認識的人玩這樣的遊戲：你有二千元，對方身無分文。然後，你從手上所有的錢當中，給予對方某筆金額。你可以全部給他，也可以完全不給。遊戲的關鍵是，當對方拿到錢時，額度會增加成三倍。也就是說，如果要給三百元，對方就會得到九百元。

接著，對方要將收到金額的一部分還你。譬如歸還五百元，你手上的錢就會是二千減三百＋五百＝二千二百元，對方則剩四百元。換句話說，你可以得到二百元，對方則得到四百元。這樣算一次交易結束。

來想想重複十次這樣的交易之後，兩人會採取怎樣的行動？最好且和平的解決辦法就是，每次都移動全額（這時手頭的錢會變三倍！）

不過，這個策略只在彼此能充分信任的時候有效。因為中途若遭到對方背叛，就會造成一元也拿不回來的重大損失。換句話說，這個遊戲必須一邊看對方的行動，一邊準確地判斷，對象有多少可信度。

那麼，腦是如何判斷對旁人的信任度？回答此疑問的研究，就來自美國貝勒大學孟塔古（Montague, PR）博士的報告。報告顯示，你越是出示巨款來表示善意，對方腦中被稱為「尾狀核」的部位就越活化，歸還金額也會跟著增加。

博士他們將這種尾狀核的活動，解釋成想要信任的意圖。有趣的是，在遊戲順利進行下，出示轉讓金額以前，尾狀核就已經有反應，這代表對方開始信任你了。

尾狀核與產生快樂的腦部位有密切關係，可見被信任是很愉快的事！可是，如果再深入解釋數據，增加歸還金額這個行為，與其說是為了對方的利益著想，不如說是為了可以得到更多的錢以增加自己的快樂。實際上，心理學家米勒（Neal E. Miller）就解釋此結果為，「信任並非充滿人情味的高尚感情，而是利己又冷靜透徹的腦作用」。

「活該」的反應

那麼相反的，人對於背叛信任的對象，會有怎樣的反應？倫敦大學的辛格（Singer, T）博士，發表了研究人類看見懲罰時，腦部活動的數據。首先辛格博士表示，看到無辜的人因為冤罪而被懲罰的樣子時，人類的「腦島」或扣帶皮質就會有強烈反應，這是稱為「同情迴路」的腦部位。這個迴路的活動強度與「可憐」的感情轉移程度經常一致。

相反地，看到有罪行的壞人被懲罰時，可以想像這個同情反應會變小。但實驗結果令人驚訝的是，男腦與女腦的情況是不同的。

在女性的腦中，會減少約百分之四十的同情反應，而男性則幾乎完全消失。男性活化了令人感到意外的腦部位來取代此同情反應，那就是「依核」。依核屬獎賞系統，也就是能夠獲得快感之處。活該——恐怕是來自於看到壞人受到懲罰的模樣而心中暗喜。實際上我們也知道，依核反應越強的人，認定「犯規的行為受到重大懲罰是合理」的傾向也越強。

也就是說，男性對壞人做的壞事，會表現出強烈制裁的情緒；相對於此，女性就不管對象是好人還是壞人，對於受懲罰而感到痛苦的人，有較強的情感轉移傾

「那傢伙受到懲罰是理所當然的！」

向。

信任與懲罰——在男性與女性各自扮演不同角色的同時，也正是支持著社會倫理的基礎。

打掃的訣竅是「丟掉能用的東西」

來換個話題，談談打掃。大掃除時，有人會將房間收拾整潔，也有人不這麼做。我算是會果斷丟掉東西的那一型，只要是打掃過後，室內都會變得很整潔。

我認為整理收拾的訣竅就是「丟掉能用的東西」。

我這麼說，大家應該會出現「咦？」的反應。確實，把「能用的東西」先不丟掉，是一般人的想法。不過，以我的判斷基準而言，「要用的東西」與「能用的東西」是大不相同的。以「或許有一天會用到」這種淡淡的期待而保管的東西，若是豪宅就算了，但像我家只有巴掌大，馬上就會充滿著「不用的東西」。既然如此，就需要扼殺「浪費」的情感，只留下「要用的東西」或「必要的東西」。

「浪費」的感覺

「有一天會用到吧」這種感覺，與對未來的計畫大有關係。除了人類以外的動物，會有所謂「浪費」的想法嗎？劍橋大學的克萊頓（Clayton, NS）博士提出報告指出，鴉科鳥類有一種「西叢鴉」，會預測第二天早晨的獲餌量來計畫，以確保餌食。雖然無法判斷鳥是否確實可知什麼叫浪費，但至少可以看見，儲備未來糧食的理智行為原型，亦潛藏在西叢鴉的行動中。

那麼，人類的「浪費」感又是從腦的哪裡產生的呢？人類擁有「同情迴路」。所謂的同情迴路，就是觀察承受痛苦的人，所產生的活化神經系統迴路，位於前扣帶迴皮質處。

看到某人用小刀割到手指，或是腳趾撞到衣櫃，或被門夾到手指，我們的背脊就會不由得打起寒顫。這時候，同情的神經元（神經細胞）會開始活動，將別人的痛苦詮釋成宛如是自己的一樣。

像這樣揣測別人內心的能力，不言而喻，是人類習得社會性很重要的一點。日本國立精神．神經中心的守口善也博士提出報告，表達感情有困難的「失感情症」患者，他們的「同情神經元」活動遲緩。這個研究透露，「同情神經元」是要在社會中取得協調性並生活下去的不可或缺元素。

看到「很難受的照片」

另外，根據日本群馬大學荻野祐一博士的報告指出，人除了在目擊到難受的畫面，看到「很難受的照片」，同情迴路也會開始活動。下面這張圖片是注射針頭貫穿皮膚出血的畫面，我也感覺到好似起雞皮疙瘩的「痛覺」。

某個研究者告訴我，同情迴路不只在看到「很難受的場面」時會活化，連看到用錘子破壞電視或手機等畫面都會活化。換句話說，同情的對象不一定限於人或動物，也包括無生命的物體。

我認為這種被事物引發的同情，可能

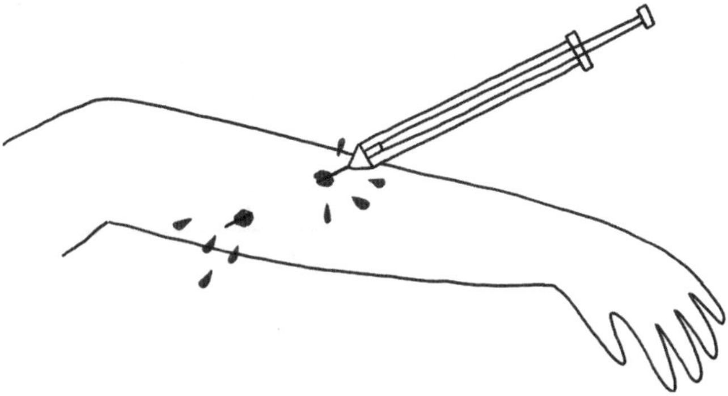

看到很難受的照片，也會感到「痛！」

正是「浪費」情感的源頭。所謂的「浪費」就是把「東西」擬人化，將那種「痛覺」投影到腦中的精神活動。

珍惜美好舊物的習慣是傳統美德，不過，獲得諾貝爾和平獎的肯亞環境保護代表旺加里・馬塔伊（Wangari Muta Maathai）深有感慨地認為，「浪費」是一種獨特感性的詞彙。實際上，較少語言中擁有相當於「浪費」這個語彙。

仔細想來，「丟掉能用的東西」這句我的格言，也正是因為社會上有「浪費」的心，才有特地宣揚的必要。我之所以貫徹這種態度，是來自於「不用的東西本來就不要買，因為很浪費」這個想法。

4

腦怪癖

聽天由命

「今天很走運！」並非是錯覺

食指短的人，股票會賺錢？

請仔細看自己的手，試著比較手指的長度。

關注的重點是，「食指（第二指）」與「無名指（第四指）」的比例。請比較這兩根手指，哪根比較長？如果在長度上有差距，差距的程度如何？

其實這兩根手指的長度比例，眾所皆知是因人而異。

關於手指的比例意義，最近有令人意外的調查數據報告——食指短的人（50頁左圖的類型）「擅長股票交易賺錢」，這是劍橋大學寇茲博士（Coates, JM）的研究。

寇茲博士研究了四十九名倫敦的個人投資家（其中有三位女性），比較他們手指的長

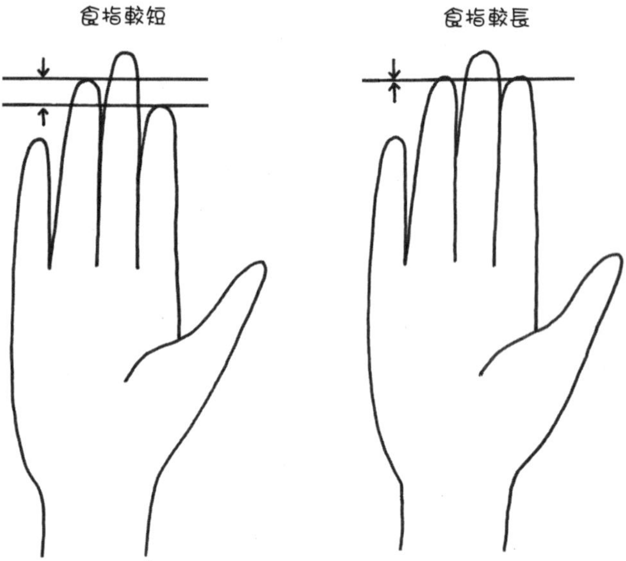

「食指」與「無名指」哪個長？

短比例與股票交易的年度損益額。結果得出，食指相對無名指長度，比例越小的人，收入越多，這也顯示出，食指長度比例越小的人，可以在商場上存活比較久。

論文中指出了具體的數字。兩指長度比例大的人，大約是〇・九九（也就是食指與無名指長度幾乎一樣），年度平均獲得約六十萬英鎊的金額，比起〇・九三左右比例小的人，則是六百八十萬英鎊，短食指有著十一倍以上的差距，顯示食指越短，越會賺錢。

男性賀爾蒙與巨額證券交易

為何交易的成功率會根據手指的長度而有不同？其實以科學角度來看，可說「並非是如此令人驚訝的結果」。

因為手指的長度，是反映懷孕三個月後，胎兒所接受到的睪固酮（男性賀爾蒙的一種）量。換句話說，這表示胎兒出生前接受了多少睪固酮。

在胎兒的手指末端中的睪固酮，可促使「Hox 基因」表現，造成食指變短。

睪固酮也會對腦的發育造成影響。不管是人類還是動物，若出生前暴露在較多的睪固酮中，就會成為充滿自信的類型，喜歡危險、執著探險、謹慎細心，具有快速反應或動作較快的傾向。

這樣的人，很多都是擅長數學的類型，或在足球、橄欖球、籃球，以及滑雪等運動競技能產生好成績。

這也很類似當沖客*。股票交易的現場是各式各樣情報高速交織的戰場，並非只要能計算出正確數值，而需要瞬間爆發力或注意力等類似運動型競技的要素。

在寇茲博士研究的投資家中，有人竟然一年賺四百萬英鎊以上，這樣的人，一次的買賣金額高達十億英鎊也不稀奇。他們維持交易部位的時間是幾分鐘，有時甚至以秒為單位。既然如此，謹慎的洞察力還不夠，更需要迅速的判斷力與行動力。

因此，關於寇茲博士的「手指比例」調查數據，能夠為人所信服。食指短的人因為在發育期接受了較多的睪固酮，就很適合成為投資家。

不過，眾所皆知，食指的長度一般是男性較短，這可以睪固酮是男性賀爾蒙加以理解。然而，女性也有食指長度較短。她們在胎兒時期，因為某種理由（譬如以環境為主因而突然地）暴露於睪固酮下，食指就會變得比較短。這樣的女性則會有比較強的同性戀傾向。

運勢決定在早晨？

睪固酮曾在大腦研究界成為一股話題。就讓我再利用其他的觀點，來繼續睪固酮的話題。接著我要來談談「運勢」。

「運勢」在科學上不知道要如何證明，有人會感覺到「今天很走運」。算命之所以備受歡迎，也是因為刺激到這種直覺。

寇茲博士也報告過「身體會出現股票是否賺錢的預兆」，這個令人驚訝的研究。實驗內容如下。

最少從一千萬日圓起，上至一兆日圓止，他聚集了各式各樣規模，重複股票交易的二六〇位倫敦個人投資家，進行血液檢查，年齡從十八歲到三十八歲。在上午十一點幫他們抽血，之後讓他們著手工作，連續進行實驗八天。

詳細調查當天的交易損益額與血中賀爾蒙的關係，寇茲博士發現頗有意思的傾向。睪固酮多的早晨，當天賺的錢就比較多；相反的，大損失的那天，睪固酮就較少。

運勢在早上就已經決定了——知道了這個實驗數據，「今天會走運」的直覺，就不僅是你單純自以為可以解釋的「某種原因」，而是我們身體實際所產生的「預知」因素。運氣好的當沖客，會本能地感知「決勝日」或「收手時」的體內信號。

*註：指從事於同一天內建立及結清同一部位金融交易的個人。

檢查決斷能力的「最後通牒遊戲」

若將睪固酮這種男性賀爾蒙注射到老鼠身上，會提升老鼠的攻擊性，去傷害其他老鼠或飼主。從種種的實驗可以看出，一般而言，男性賀爾蒙是具挑戰性且自我中心的，也就是成為反社會性格的原因。

對這個假說提出疑問的，是瑞士蘇黎世大學艾澤內加（Eisenegger, C）博士的研究團隊。他們不用老鼠，而是用人類來進行實驗，結果得到完全相反的結果。

他們進行了「最後通牒遊戲」。最後通牒遊戲是檢查決斷能力的實驗方法，在大腦研究界是非常有名的賭博遊戲，在本書中也會出現好幾次（第十、十一章）。讓我來說明一下規則。

假設你有一萬日圓的收入。這筆利潤要和對手兩人分享，但要分割成多少的提案權在自己身上；另一方面，對方只擁有接受或拒絕此提案的權利。譬如分割比例是百分之八十比百分之二十，亦即提案者自己獲得八千日圓，交給對方剩下的二千日圓。如果對方覺得提案不公平，無法同意，可以「拒絕」。只不過，有條重要的規則，那就是決斷的機會只有一次，之後就不得再談判。如果對方拒絕，兩人的收入都會變成零圓。

若冷靜思考，無論對方提出多少金額，不去否定而完全接受條件才是上策。畢竟不管多少錢，都會比零圓好。然而，人類是奇妙的生物，不會採取如此簡單的行動。明明不做就好，卻仍會特意否定。

根據普林斯頓大學柯恩博士（Cohen, JD）的分析，當提出分割比例為百分之二十的不公平提案，拒絕率高達百分之五十。有時人們甚至會犧牲自己的利益，以施加社會性的制裁給對方。以結果而言，分配率多落在約百分之三十五。

社會上的共通想法或固執己見會創造出「真實」

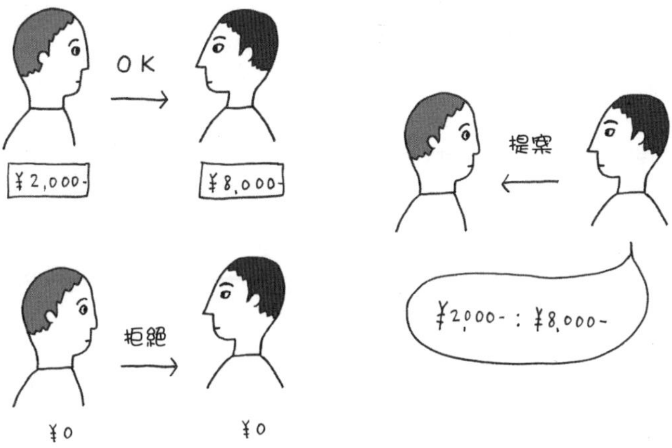

在大腦研究界中知名的「最後通牒遊戲」。

讓我們回到睪固酮的話題，也就是艾澤內加博士團隊的研究。

有趣的是，注射睪固酮以後，再進行相同遊戲，平均提案金額會上升到百分之四十。這個實驗是在當事人不知道的情況下投以睪固酮。雖然不知道這會提高公平性，還是會為了不被拒絕而變謹慎？不過總之，因為睪固酮的影響，使得對方的收入變多了，所以得到了與一般說法「睪固酮會提高攻擊性」相反的結果。

艾澤內加博士研究的有趣之處，就是從這裡開始。他告訴當事人，「我用睪固酮投藥」，但實際上沒投藥，而說謊注射假藥。

因為是假藥，當然應該沒有效果。然而平均提案金額卻減少到百分之三十。

我們一般會以為，「睪固酮是讓男人有男人味的男性賀爾蒙」。這想法其實是毫無根據的說法，而迎合著這個信念，就出現了提高攻擊性的安慰劑（假藥）效果。當然，因為當事人沒被告知那是假藥，所以並不是在演戲。而是當事人的信念在無意識中，自然而然就出現了「效果」。

觀察這樣的實驗數據，會令人重新思考「真實究竟是什麼」。這與科學無關，而是社會共通想法或自以為是的信念所創造出的「真實」。因此，化妝品、美容、健康食品，以及營養補充品等說明書或功效廣告詞，甚至沒有根據的謠言，這些話語的效果都意外地不容小覷。

腦科學的發現超越了哲學？

以前我曾經在科學雜誌上發表過〈腦研究影響了哲學〉這篇短文。自古以來，特別是以「心」為研究對象的哲學，處理的主題是自由、意志、智慧等等。既然是直接探討人的本質，或多或少會以道德為題材。價值的基準、理性或感情的作用、責任感或罪惡感的正確與錯誤，或是起源的問題。最近向來屬於哲學處理的課題，逐漸進入到腦科學的領域中。

在這股潮流中，我身為大腦研究者，本身特別受到震撼的，是關於催產素的實驗。

催產素是用來促進子宮收縮或分泌乳汁等，被視為女性特有的機能所必需的賀爾蒙。不過，男性也存在這種激素。催產素一般在建立良好的人際關係時會分泌。在動物實驗中，催產素廣為人知的功能，是緩解鬥爭慾與逃走慾，並減低對恐懼的感受。

催產素的實驗很令人震驚，是嘗試將催產素投藥在人類身上，從鼻子吸入。接著，實驗顯示，在進行金錢交易等情況中，若吸入催產素，對於對方的信任度會增加。這個效果很有戲劇性，實驗對象幾乎都會盲目相信對方的話。即使被騙而蒙受巨額的損失，只要再次投藥催產素，就會將以前的慘痛經驗拋諸腦後，再度相信對方而締結不利的交易契約。

不要害怕技術革新

這是多麼驚人的事。以前人們未曾想過，實際竟存在有影響人類變得偏激的激素，因此，現行的法律尚未能應對關於如何處理這種藥物。

我總覺得，腦科學的發現，早已超越哲學這種純粹的學問，動搖社會的常識以及個人的權利、人格等極其切身、不言而喻的基礎。

當然，這並非徒然煽動不安。科學技術的進步，能擁有迫使我們改革現況的力量，關於這點是理所當然的事。畢竟這本來就是科學技術的目的，因此不如說是必然的。從其他角度來觀照人類的存在，就會發現新的價值，或需要新的社會規範。

即使從歷史來看，電視、微波爐，以及網路等新科學技術，在最初開發時，人們也是懷著恐懼或不安來迎接新產品的到來，有時新科學技術會被當作不好的東西。可是我們應該做的，本來就不是無謂地感到害怕或批判，而是如何適應新的科學技術，或是摸索如何有益地活用這些技術。畢竟，技術革新是不可逆的。

5
腦怪癖

不懂裝懂

何謂「早知道〇〇就好了」
這種「後見之明的偏見」？

沒什麼「果然」是這樣

「果然對吧」「我就覺得是這樣」「所以我早說過了吧」——這是人們預感應驗時經常會說的話。英語也有「I knew it」的說法，是「我打從一開始就知道了」的另一種說法。

像這樣覺得「預測命中」，實際上在事前究竟預測正確到哪個地步呢？要嚴謹回答這個問題相當困難，說不定只是碰巧猜對而已。即便並非偶然，要是追究預測的根據或估計的正確度，老實說，就會變得不知自信是從何而來了。

譬如有個這樣的實驗：

你知道阿嘉莎・克莉絲蒂（Dame Agatha Mary Clarissa Christie）一生寫了幾本長篇推

理小說嗎？若不是非常死忠的粉絲，應該不會知道答案。

這裡我們試著詢問「你覺得是幾本？」根據某個調查結果顯示，平均回答的估計值是五十一本。

實際上，阿嘉莎・克莉絲蒂寫了六十六本書。隔了一段時間之後，我們再告訴同一個人正確答案，並試著詢問「那時你估算是幾本書？」別驚訝，回答的平均值會增加到六十三本。且這些人還深自相信著，「雖說自己之前的答案不是正確答案，但還是很接近正確答案」。

阿嘉莎・克莉絲蒂

在1920年以《斯泰爾斯莊園奇案》出道，這本書在全世界出版了十億本以上。
（照片提供／PHOTO AFLO）

有很多類似的實驗結果顯示，我們習慣誤會「自己會正確預測情勢」。換句話說，說「果然對吧」的時候，那個「果然」有可能並非恰如其分的「果然」。這聽來多麼刺耳啊。

「後見之明的偏見」

這種認知失誤稱為「後見之明的偏見」，在日常生活中隨處可見。「那時我應該賣股票就好了」「我要是再謹慎點開車…」「一不注意就順著酒勁」這類後悔的念頭，宛如「打從一開始就知道因果」，這種說話態度，廣義來說被認為是後見之明的偏見之一。

這種對話經常在日常生活中出現，或許早就有很多人對此不以為奇。不過，仔細想想，這個基礎根據的邏輯卻是極端薄弱。

即使想小心避開，後見之明的偏見，仍是難以去除的人類習性。既是如此根深蒂固的偏見，我們所能做的就只有一個方法，那就是謙虛處世，抱持著「自己現在所想的不一定正確」的想法，採取保留態度。畢竟，沉溺在自己的世界，多半不是好事。

預期效果的奇妙現象

前幾天，有個以蒐集骨董為興趣的朋友，在拍賣會後很懊悔地說：「我還以為可以賣個更好的價錢——」。

他發牢騷，「常常都賣不到自己所期望的高價」，還補充一句，「世人太不識貨了」。

我也經常因古董品的美妙而感動。但我是個完全的門外漢，所以多半在聽到價格後會感到很驚訝。

大腦有一種所謂「預期效果」的奇妙現象。一言以蔽之，就是「會擁有比實際價值還要高的主觀價值，這種心理傾向」。換句話說，這種心理，是別人擁有某件東西的時候不會那麼在意，一旦是自己擁有，就會覺得「這是有超過實際價值的好東西」。

這個傾向不容小覷。不只是骨董，這傾向也會出現在各式各樣的東西上，包含日常的所有物、土地、建築物、股票，甚至是對戀人的評價。

「因為長年愛用」→「不想轉讓！」

譬如投資家會強烈地執著於買賣好幾次相同的標的物，或是即使長期持有的股票下跌了，卻一廂情願做出「已經跌到底了吧」的錯誤判斷，這類情況都是常有的事。

為什麼會發生預期效果呢？關於這個理由，大體上有兩種說法。

理由（1）因為對擁有的東西有特殊感情（過度的正面評價）。

理由（2）因為不想失去擁有的東西（對損失的敏感）。

這兩個理由看起來很類似，不過嚴格說來是不同的感情。但在意識上要清楚區別兩者則很困難。

即使知道會損失，卻依然會去買彩券

在這裡要登場的是ＭＲＩ（核磁共振攝影），我們要用它來看腦的實際反應。美國史丹佛大學納聰博士（Knutson, B）等人的研究團隊進行了以下的實驗。

我們大致可將腦內對「損益」的處理做一分類：「依核」是對「利益」的快感；「腦島」（insula）則與「損失」的不快感有關。那麼，會出現變化的是哪個？

納聰博士等人試著比較這些腦部位的活動與預期效果。結果可知，預期效果越強的人，在賣東西時，腦島的活動也越強。

從這個道理來判斷，理由（2）才是正確的。換句話說，因為對於失去自己的所有物感到不快，而讓「真正的價值」被「主觀的價值」所蒙蔽。

我認為，這有待今後更進一步對腦內結構做研究，但至少在此我們可以知道，人們「對損益的直覺有時是錯的」。

讓我再舉另一個類似的例子。

——當得知之前用五千日圓買來的葡萄酒，現在拍賣時竟然可以賣到二萬日圓，由於對此感到很開心，因此你沒有將酒賣出，而是自己開心地喝了。

那麼，你會怎樣去估量這個成本呢？

根據統計，覺得很開心「賺了一萬五千日圓」的人，有約百分之二十五，覺得「如果現在買來喝就要花二萬日圓，但我只花了五千日圓」。的確，以消費者的觀點來看，會這麼想也無可厚非。

不過，這其實很滑稽，只要冷靜去思考就會明白。以經濟學而言，「損失二萬日圓」才是正解，因為「這裡只有買進沒有賣出，卻把價值二萬日圓的葡萄酒做了無價值的處理」。

當然，若有人主張，「喝的當事人滿足就夠了」，我也無話可說……。

把「二萬日圓」的葡萄酒喝掉……

有許多這種人類無法從數值上做出冷靜判斷的事。例如，即使知道會損失還是買彩券、明明正在還房貸，卻還要存定期存款等等，就是典型的矛盾行為。畢竟，人類的判斷失誤是很普遍的現象，所以金融或投資信託才能成為一項事業。

人心動搖之際

本章節的最後，我們來談談有關決斷失誤的自制心。若是無法自我控制，表示看清狀況的能力低落。這是美國德州大學威特森（Whitson, JA）博士等人的研究。

威特森博士等人故意動搖人心，然後測量此時大腦認知的能力。先請實驗對象用電腦分類一些圖片，明確的圖片，以及無秩序的這兩種。在無秩序的分類中，實驗對象因為無法掌握規律，而頭腦混亂不知所措，博士就是藉此創造出使人心之動搖的狀況。

在實驗對象失去自制心後，給他們看黑白的隨機圖片，並詢問他們看起來像什麼，結果很有趣。

明明是沒有畫什麼的插圖，一旦受試者內心產生動搖，就會看成各式各樣的東西。在隨機的圖片中，會認為是椅子或狗或人臉等等。

博士的團隊接著又進行給受試者看股價變動的圖表，讓他們做出判斷狀況的實驗。在失去自制心的狀況下，受試者果然會更傾向找出沒有實際存在的經濟動向。

一旦無法自我控制，人類在事物意義或因果關係的知覺就會反常。當感覺到朋友背信、戀人花心、客戶的陰謀時，就是自己在精神上被逼得走投無路的證據。一旦心中動搖，就會覺得自己是被人扯後腿——我們的大腦就是會如此運作。

「這個圖案看起來像什麼？」 （出處：Rorschanch test）

6

腦怪癖

執著品牌

會受到氣氛、感召力……吸引的理由

有機食品

有機栽培、有機食品——只要去到特別的餐廳或超市，就會看到這種宣傳標語，我也不知不覺會被這種標語誘騙上當。這是單純反射，一如對方的預期心理。

我前些日子有機會和農學院的老師談話，他說：「這樣的栽培法完全不能保證比自古以來的傳統栽培法好」、「覺得不用農藥的自然蔬菜比較好，只不過是假想，現實中，要是不在適當的時候使用農藥，農作物就會生病，反而可能成為對健康有害的食品。」

美國明尼蘇達大學的威爾金斯（Wilkins, J）博士等人提出，「目前仍欠缺有機食品對健康有益的科學證據」。此外，研究數據也顯示：不使用有效的化學肥料或農藥，會減少農作物收穫量，為了彌補不足的部分，人們會去砍伐森林以增加農地，反而會造成環境破壞。

的確，近幾年有農藥殘留的問題，特別是日本人對「農藥」變得很敏感。

當然，不只是農藥，基因改造食品、輸入原料、人工防腐劑、自來水等，我們還沒有做出深刻的討論，就直接把它們當作「壞東西」。

當然，謹慎小心是必需的，不過，將判斷交給武斷的直覺，卻是不明智的。

無根據的思考，會無意義地提高「有機」或「國產」標籤的品牌價值，結果卻反而造成了偽裝食品標示的問題。

這個選擇有根據嗎？

讓音樂評論家困惑的李帕第事件

受先入為主觀念影響的，不限於食品，各種情況都看得見。譬如在陳列家電產品的量販店，人們會不自覺地對在電視廣告中看過的品牌有好感。相親的時候也是如此，兩位當事人若在見面之前就先稱讚過對方，通常就能順利進行。因此，我們的心被外部情報所操縱的程度，是超乎想像的。

有位名叫李帕第（Dinu Lipatti）的鋼琴家，一九一七年出生於羅馬尼亞。他彈奏的琴音一塵不染，宛如完全透明的水晶。雖然他以端莊的演奏與嚴峻的風格受到歡迎，但三十三歲就英年早逝，留下的演奏錄音很少，現在能聽到的，全是以驚豔的完成度而著稱的絕品。

如此貴重的琴音來源，發生了一起事件，就是有關蕭邦（Frederic Chopin）的鋼琴協奏曲演奏。此曲的錄音，在如同往常的孤高中，還聽得出精練的演奏技巧。音樂評論家都盛讚這是「最棒的蕭邦演奏」，它的黑膠唱片亦成為古典音樂界的長銷商品。

然而，在唱片發售幾十年後，意外的事實卻被揭諸於世。那個錄音竟然不是李帕第的，而是一位名叫徹爾尼．史黛凡絲卡（Halina Czerny-Stefanska）的女鋼琴家所演奏的。

經過重新調查後，人們發現了真正的李帕第的錄音，並重新公諸於世。

這起事件，不難想像會令全世界的樂迷有多愕然。不過，最感困惑的，應該是盛讚假錄音的專業音樂評論家。

實際上，這些人的反應可分為兩種：一是「假錄音怎麼聽都是女性的演奏，新發現的錄音才是真正李帕第風格的演奏」這種翻臉不認帳的人，也有「不對，徹爾尼．史黛凡絲卡才是最棒的演奏」而繼續支持沒什麼知名度的女鋼琴家。

這個事件刻畫出人類處理品牌與自尊心的微妙心理。

腦對品牌有反應？

這裡讓我來介紹一個有關品牌的有趣實驗——加州理工學院的藍傑（Rangel, A）博士等人進行了一個實驗。他用MRI（核磁共振攝影）來調查人們在品嘗葡萄酒時的腦部反應。

喝葡萄酒時，「眼框額葉皮質」這個腦部位就會活動，這是產生理性快樂的大腦部位。換句話說，飲用美味的葡萄酒會令人得到快感。

在此進行的實驗很有趣，博士希望「實驗對象喝五種葡萄酒」來做比較，試喝前告訴他們各種葡萄酒的價格。不過，實際上只準備了三種葡萄酒，只是從中任意選五次給他們喝，價格也是胡謅的。

這種像詐欺一般的實驗，會出現什麼樣的結果呢？最後所獲得的明確結果是，被告知所喝葡萄酒的價值越高，實驗者眼框額葉皮質在飲用時的活動就越強烈。

用餐的「美味」並非只以食物含有的化學分子來決定，「吃高級料理」的實際體驗也掌握著關鍵。

品牌、氣氛、感召力——人類的大腦會受到這些無形之力的影響而活動。不過，我們不能將這種表面的心理，單純視為可恥或醜惡的東西，而單方面地摒棄它。因為，就像李帕第的錄音或葡萄酒實

價格越貴，料理越美味？

驗所赤裸裸呈現出的一樣，我們的腦本來就是被建構成會對「品牌」有所反應。

既然大腦是如此設計，我們就必須正面承認，這就是人類的習性。否定此習性，就和否定人類本身一樣。捫心自問，老實承認自己心中的品牌意識，可為自己的嗜好或決斷方法開創新的道路。

對損失高度敏感

大腦是評價的機器。不論是針對眼睛看到的東西，還是道德上的困境，人類都是在當下去評估、判斷日常生活裡的所有事物中生活。

而且，如同前面的實驗例子，只要不給予特別的觀點，大腦就不會有深刻思考的根據，這類評估，會在腦內自然進行。

在這種評估基準中，有一種特別強力的心理作用，就是對損失的嫌惡。特別是容易得手的錢或食物，大腦對於失去這些事物會有特別敏感的反應。

人們都討厭損失，可是對腦來說，這種嫌惡感太過度了。結果不難想見，由於大腦過度避開眼前的風險，最終卻造成了損失。

以下介紹美國紐約大學的費普（Phelps, EA）博士等人所做的研究，指導我們如何減輕這種過度嫌惡感的秘訣。根據他的研究，重點就是「用投資家的心態來思考」。

實驗中，有一種保證本金但獲利低的選擇，以及另一種有一些風險但獲利高的選擇。以經濟學而言，後者才應該是正確的選擇，但一般人卻有選擇前者的傾向。即使是小額的損失，想迴避損失仍是人之常情。

不過，只要建議受試者，「每次的選擇只是進行多次一連串投資中的一次，請把整體的成績想像成是Portfolio（資產組合）」，就能使受試者減低對眼前風險的過度嫌惡感，促使他做出正確的選擇。

自己辛苦賺的十萬元、彩券中獎的十萬元，在經濟學的價值上都一樣，但後者比較是可以任意活用的款項。這個結果雖然很單純，但是很重要。

7

腦怪癖

自我滿足

愛去「常光顧的店」理由是？

腦會選擇改變感覺

假設我們在購物時有兩件喜歡的衣服。雖然對衣服A與衣服B的喜歡程度差不多，但很可惜，我們沒有預算可以兩件都買，所以只能悲痛地選擇了A。

那麼，這時我們對衣服A與B的印象會有何改變？——針對A與B的喜歡程度進行問卷調查，可以得到有趣的結果是：平均而言，在做出選擇後，人們降低了對B的評價。對於自己沒選的衣服，意見會變成「那其實也沒那麼好」。

這時我們再試著進行其他的選擇實驗：對衣服A與衣服C的選擇。比起衣服C，人們比較喜歡衣服A，此時當然會毫不猶豫地選A。同時，人們在做出選擇後，並不會降低對

C的評價。從此實驗我們可以知道，選擇後的好感度變化，只會出現在對物品的喜歡程度沒有明確差異時。

讓我再介紹另一個實驗。這是加入團體時要求接受「儀式」的實驗。加入團體前要接受嚴謹的儀式，或者不嚴謹的儀式。在人們加入團體後，再詢問他們是否喜歡此團體，數據顯示，接受過嚴謹儀式的人對團體的好感度較高。

那麼，要如何解釋這兩個實驗的結果？

一般來說，當自己的「行動」與「感覺」不一致時，人們會在無意識中想解要決這個矛盾。換句話說，人們就會改變行動或感覺。而哪一種比較容易改變？不用

無法改變「行動」，但可以改變「感覺」。

說，當然是「感覺」。「行動」儼然是既定的事實，既然無法改變事實，腦就會選擇改變感覺。

或許在一開始，我們對衣服A與B的喜歡程度是相同的，不過，當選了A而排除B，無論理由是什麼，這個行為本身已是無法否認的事實。於是，人們就會改變先前「同樣喜歡B與A」的感覺，而變成「老實說，其實B沒那麼好」。另一方面，人們對衣服C的喜歡程度一開始就不如A，選擇A對自己的行為與感覺，都沒有矛盾，所以沒必要改變對C的好感程度。

同樣的，這也可以用來說明參加團體儀式的實驗結果。儀式本來就是麻煩又令人感到不快的事，若可以，人們並不想接受儀式，更何況是嚴謹的儀式。但事實是，自己已經接受嚴謹的儀式而加入團體，因為無法改變這個事實，才會轉變心態，變成「我非常喜歡這個團體」。

猴子具有逃避自我矛盾的心理

我們可以觀察到，像這樣在無意識中想要解決心理不協調的壓力，不只是成人，小孩也有相同的情況。以下是一個對四歲兒童所進行的實驗。

若媽媽嚴格禁止「絕對不能玩那個玩具」，或是溫柔地叮嚀「別玩喔」而禁止玩耍，比較孩子在這兩種不同情況下，對玩具的好感度。結果，同樣的玩具，媽媽若溫柔勸戒，孩子會減少對玩具的喜歡程度。

溫柔叮嚀，雖說是來自別人的命令，但還有著可以依照自我意志來停止玩耍的自由要素，因此產生結論就是：「是我自己不玩的，這個玩具也沒多好玩」。另一方面，若強硬禁止，停止玩耍的理由就很明確。雖然好玩，但是不得不停止，因此，孩子所採取的行動就不會模稜兩可。

「自我矛盾是不愉快的，所以想消除」，這種心理作用是深深扎根於我們的心中。美國耶魯大學的艾甘（Egan, LC）博士等人，進行過巧妙的實驗，證明猴子也有逃避自我矛盾的心理。或許，這是高等哺乳類動物的普遍狀態。

順帶一提，這個「逃避認知失調」的理論，是由美國的心理學家費斯廷格（Leon Festinger）博士等人，在五十年前所提出的。他有個知名的實驗：讓實驗對象做無趣又單調的工作，然後要他們說工作「很有趣」，並給予他們酬金。實驗對象分成兩組，一組給二十美元，另一組則支付一美元。接著，對他們做問卷調查，了解工作的有趣程度。

各位要是讀到這裡，應該能想像費斯廷格博士等人的實驗結果。拿到一美元的人會覺得有趣，而得到高額酬金的人則會認為工作的理由是「可以拿到錢」。不過，一美元的報酬並不划算。換句話說，由於，找不到充分的理由來做這工作，所以會心理矛盾，於是人們就將態度改變成，「其實自己越做越有趣」，如此來接受事實。

買菜與大腦

接著，讓我們試著來思考人們如何做選擇。

A公司股票、B公司股票——當你猶豫該投資哪支股票的時候，你會徹底比較兩者，根據「相對評價」來做判斷。

實際上，東西的價值會根據狀況不同而改變。譬如雖然一萬日圓的紙鈔與一日圓的硬幣，在金錢價值上有明顯的差距，但若你想撬開壞掉的易開罐果汁拉環，硬幣可以當作工具來使用，因此反而比紙鈔有價值。在動物實驗中，結果也一樣，若有果汁一毫升與水十毫升，猴子會選前者（質），但若牠口渴，就會拿後者（量）。

研究大腦發現，用來計算相對價值的神經元（神經細胞）多存在於「額葉」，這些神經元會引導我們做出正確的決斷。

生存在資訊的「利用」與「收集」這兩種截然不同的選擇中，大腦如何判斷，是非常重要的事。

以去超市買沙拉用的萵苣為例。有一位女性很喜歡萵苣，但因為不喜歡高麗菜與黃瓜，所以很少購買。某天，她一如既往地出門購物，在超市看到萵苣的隔壁擺著標示「甜份飽滿」的新種高麗菜。

如果一如往常地購買萵苣，可保證能吃到美味的沙拉。可是，新的高麗菜怎麼樣呢？搞不好這個新種的高麗菜會比萵苣更合自己的口味。當然，挑戰新蔬菜有機會讓人重新認識過去難以接受的味道。

在這個例子中，「如同往常購買萵苣」的選擇，相當於「利用」過去的情報；「試著買新種的高麗菜」則相當於「收集」新情報的冒險行為。

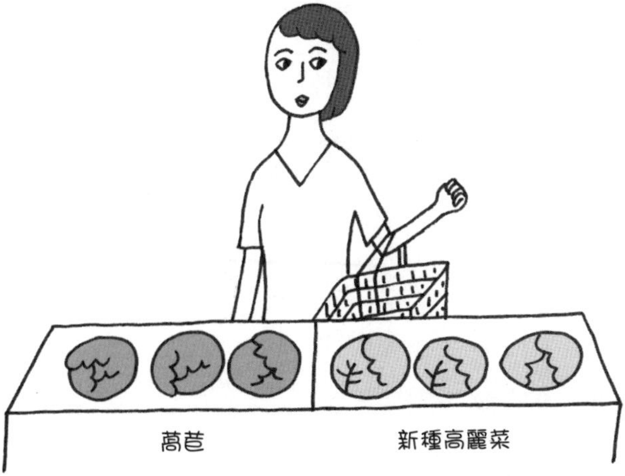

「或許新種的高麗菜比較好吃……」

徹底解放大腦

確保安全（利用既有情報）或冒險（收集新情報）——我們必須在這兩種截然不同的選擇中做出決定。這時，大腦會如何下判斷？倫敦大學的德奧（Daw, ND）博士等人，報告了研究這種腦狀態的調查成果。

他們準備了四台電視遊戲的拉霸機，每一台的「中獎」機率都不同，機率並會隨時間經過而有所變化。受試者每次從四台拉霸機中選擇喜歡的圖案，進行賭博。

這個遊戲從受試者所採取的戰略，就可以明白看出，這絕不是無規律地選擇拉霸機。即使有機會選擇最容易中獎的機台，受試者有時仍必須確認其他拉霸機的中獎機率。因為賭博機率會隨時改變，其他機台可能會比較賺錢。

調查遊戲中人們的腦部活動，可以發現，比較損益「能賺多少」的部位在「眼框額葉皮質」。這個大腦部位的活動，是用來選擇有更確實報酬的機台。當人們放棄現在判斷為安全的拉霸機，勇於嘗試其他機台的時候，「額極皮質」（frontal pole）就會開始活動。

這兩個腦部位會一邊取得平衡，一邊決定選擇行動。

在日常生活中也是，雖然當初有較好的選擇，但人們總是選擇安全牌，而世界卻在不知不覺間改變，等發現時已經損失慘重。然而，由於賭博的不安全特性，也造成另一個問題。為了應付這種情況，人類的眼框額葉皮質與額極皮質這兩個對立的腦部位，在進化的過程中就變得很發達。

換句話說，這就是人們如何「維持利用情報與收集情報的平衡」，不可思議的是，隨著年齡增長，有人會從收集情報型，轉變為利用情報型。

最近我忽然發現，與身邊的人對話，一天很快地就結束了。即便附近有新的餐廳開張，我也只會去常光顧的店。有時，下定決心解放冒險腦「額極皮質」，或許能夠重拾不同於平常、令人感到興奮的「年輕感」。

絕對價值的迴路

近來，關於「眼框額葉皮質」有驚奇的發現。眼框額葉皮質與「比較價值」有密切的關係，一般認為這裡是「相對價值」專門的腦部位。但這個迴路裡面，存在一種評估「絕對價值」的腦迴路。那是一種不受環境影響，能夠評估價值的神經元。換句話說，腦不是只有相對價值，也擁有不受其他因素影響的、客觀看待事物的能力。

雖然近來傾向認為，所有事物的價值都是相對的，但事實上，相對判斷只是目光淺短的策略。以長遠的眼光，挑選出寶貴的東西，很明顯的需要具有推測絕對價值的能力。知道大腦具備這樣的迴路，真令人開心。

8

腦怪癖

喜歡戀愛

「愛的力量」會提升腦的反應和幹勁？

坐在意中人左邊的「偽忽視」效果

請看下頁兩張臉的圖。有一半的臉是笑容，另一半是沉悶的表情。兩者是相同圖像，但左右顛倒。

那麼，請試著以第一印象來回答以下問題：

・「上」與「下」的兩張圖，你覺得哪一張看起來「更像微笑」？

儘管是相同的圖，大部分的人都能夠選出是「某一方」。根據統計數據，比較多人選擇「上」的那張；特別是右撇子，選這張的傾向會更強。這是超越地區、民族以及時代的固定現象，算是人類的共通性。

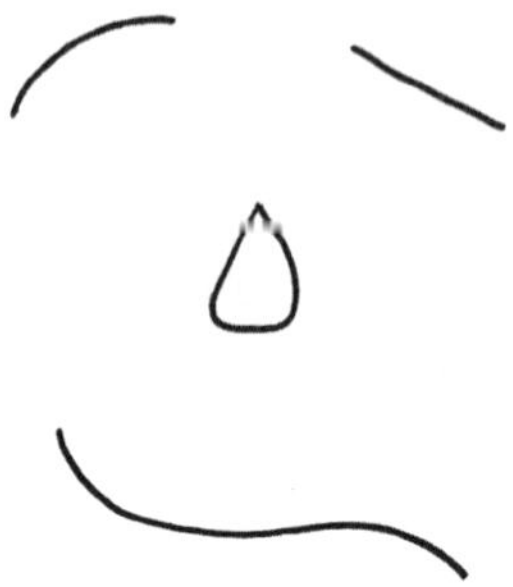

你覺得哪一張圖看起來「更像微笑」？

「上」的圖中，左半邊是微笑的表情，右半邊是悲傷的表情。從人們會覺得這張圖感覺較像在微笑，可以看出我們對臉的「左半邊」特別重視，即使只有左半邊在笑，就會覺得在笑。

這種重視左邊的大腦傾向，不只是對臉，在各種領域中都能看到。譬如請試著畫一條魚。你畫的方向是如何呢？大部分的人應該都是頭朝左，尾巴朝右。而在圖鑑或日本料理店擺成魚形的生魚片，也都是頭朝左擺放。

另有實驗顯示，蔬菜水果店的特價商品，陳列在左邊架子會賣得比較好。

就總體性來說，重要的還是「左視野」。這種只重視視野左半邊，而無視另一邊的認知傾向，稱為「偽忽視」。

偽忽視當然存在於我們的日常生活中，會帶給我們在髮型、衣著儀容、打扮或化妝的暗示。當別人在看我們的時候，我們傾向會讓對方的主要注意力，集中在對方的左視野，也就是自己的「右邊」，因此，有努力打扮價值的，就是右半身（只不過請注意，看著鏡子化妝時，左右會相反）。有一次我和學生談到偽忽視的話題，我要他鼓起勇氣「下次聯誼時，去坐在意中人左邊」。不過我忘了問他結果怎麼樣……。

鳥也有重視左邊的傾向

然而，比起偽忽視帶來的效果，我對產生偽忽視的腦結構更有興趣。傳統的說明是——由於「右腦」負責影像與判斷，所以對於「左視野」會有強烈反應（請注意，大腦與身體的支配是左右相反的）。然而以色列的韓德勒（Hendler, T）博士等人，卻用MRI證明，不只是右腦，左腦也有重視左視野的傾向。看來這個機制並沒有那麼單純。

另介紹德國德坎布（Diekamp, B）博士等人的研究，這是用鴿子與小雞來做的實驗。別驚訝，鳥類也有「重視左邊」的傾向，連剛出生的小雞也是如此，所以我們可以得知，重視左邊是動物先天的性質。若考慮到鳥腦的「胼胝體」（聯繫左右大腦）並不發達，那麼這個發現便很有象徵性。人類的偽忽視，說不定可以追溯到二五〇萬年前，是經過長久演化後的產物。

戀愛可提升大腦的處理能力？

戀愛的魔力——「只要有愛，什麼都辦得到」這種話，到了我這個年紀，要說出口還真是難為情，需要勇氣。只是，對十五到二十歲之間的年輕人而言，卻是不容置疑的真理。

在街上聽到的流行歌曲，仔細聽歌詞，會發現充滿了不禁令人臉紅、直白的愛語。這樣的戀愛之歌，讓年輕人都陶醉其中。

「愛的力量」究竟是什麼？根據國語辭典對「戀愛」的定義，第一項是「不計得失，想為對方奉獻的心意」。換句話說，愛的力量是針對人的，這種力量能夠給予我們勇氣，不計一切地去為對方奉獻。對於特定的異性，「即使犧牲一切也不後悔」的熱情，這就是愛的力量。

雖然我的戀愛經驗很貧乏，但的確能夠理解這點。戀愛會產生盲目，這個盲目就是原動力，甚至會給人「額外的勇氣」（或是魯莽），做出平常做夢也想不到的行為。

然而，最近的腦研究發現，「愛」很明顯地會同時帶給我們更不同的能力。談戀愛時，腦的處理能力就會提升。提出這點的，是美國加州大學聖塔芭芭拉校的心理學家格拉夫頓（Grafton, ST）博士等人。

格拉夫頓博士進行的實驗很簡單。他們請三十六名二十歲左右的女性，辨認畫面顯示中的單字是否為英語，單字的顯示時間是一千分之二十六秒，這種閾下影像只會刺激到潛意識，不會讓當事人察覺出顯示到什麼。因此，何時會顯示單字，會透過信號來通知受試者。接著，在信號出現後，受試者就要盡可能快速判斷是否為英語，並按手上的按鈕。當然，因為這個刺激不會提高受試者的注意力，所以回答的正確率並不高。可是，測量「做出判斷所需的時間」，會看到「愛的力量」有趣的一面。

在這個實驗中，格拉夫頓博士等人在即將顯示單字的時候（○・一五秒前），顯示那名女性喜愛的男性名字（僅一千分之二十六秒）。因為只有瞬間，所以她沒發現顯示的是對方的名字。儘管如此，當喜愛的人的名字出現時，判斷單字所需的時間則變成快了○・○三秒左右。雖然你可能覺得這只是一點點時間，但在統計學上卻是有意義的差別。順帶一提，若使用

戀愛會提升腦的處理能力！

朋友的名字則沒有效果，所以可見，要提升反應速度，只有喜愛的人才擁有特別的力量。

頗有意思的是，當喜愛的人名字在畫面上顯示，包含梭狀迴、角迴這些大腦皮質領域，有關勇氣與動機的腦深部就被活化了。愛情越強，活化就越強，可見「戀愛」藏著不可估計的力量。這麼一想，戀人之間把彼此的照片放在手機待機畫面或錢包裡的行為，也有一定的意義。

法國的小說家普弗（Abbé Prévost）說：「戀愛的力量，必須親身體驗戀愛才會懂」。如果你快要遺忘「戀愛魔力」，表示你即將老化，請小心這點。

母親的經驗會遺傳給孩子？

關於母子關係，有個有趣的事實，那就是，若母親年輕時有過好的經驗，這個好的影響就會「遺傳」給孩子。

本來「遺傳」就是以基因當作媒介，不過，一般認為，父母的個人經驗不會遺傳給子孫。但是美國塔夫斯大學的費格（Feig, LA）博士等人提出的報告，就推翻了這個常識的實驗數據。但這只是老鼠的實驗，令人不禁覺得是費格博士等人自己因此推想，「若是人類，應該也會產生類似的現象」。

當然，遺傳密碼是不會變化的。如果要變化，在演化程度上就會需要較長久的時間。只不過，眾所皆知，染色體與DNA會接受後天的化學潤飾。於是，基因的功能顯現就會有變化，稱為「後生學」。後生學是現在生命科學界流行的研究對象，我本身也曾經在日本藥理學年會上主辦過關於後生學的研討會。

費格博士等人的發現，也是圍繞著後生學的話題。令人驚訝的是，這個影響不單限於後天，甚至涉及子世代。

一般知道，把老鼠放在有許多滾輪或地道的複雜環境中飼養，比起在單調沒有遊戲環境中所飼養的老鼠，從迷宮內逃脫的能力更高。原因就是，牠們腦中「海馬迴」的功能提高了。

費格博士等人從再次確認這個現象的實驗開始。海馬迴的功能由測定突觸（神經細胞間的接觸部分）傳達的「增強現象」，來進行評估。

要增強海馬迴功能，並不需要將老鼠們一直飼養在複雜的環境中，只要在牠們出生後第二週到第四週間，短短二週的時間，飼養在複雜的環境中，就能充分提高海馬迴的功能，而且這個效果會持續一輩子。順帶一提，所謂老鼠出生後第二～四週，以人類而言，大概是相當於嬰幼兒期到青春期的時間。

就這樣，費格博士等人發現了更有趣的事實。他們發現，海馬迴功能亢進的老鼠，生出的小老鼠，海馬迴的功能也很強。儘管小老鼠沒有體驗過複雜的環境，但與生俱來的海馬迴功能就很強，記憶力也增強了。

擁有良好的生活環境很重要？

費格博士等人又更詳細追究這個結果。小老鼠又生小老鼠，也就是飼養在複雜環境中的第一代老鼠孫子，對這些孫子小老鼠而言，又會有什麼樣的影響呢？研究人員試著檢查後發現，並無影響，換句話說，環境效果的影響只限於第二代。

下一個疑問是，「這個效果是從父親還是母親那兒繼承而來的？」費格博士等人將老鼠父母

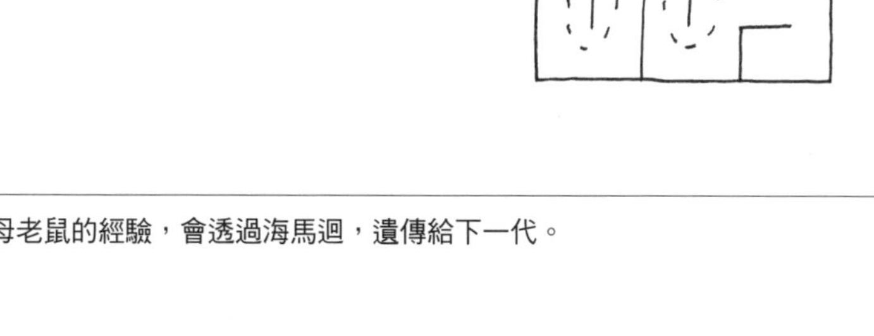

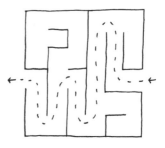

母老鼠的經驗，會透過海馬迴，遺傳給下一代。

的其中一方，飼養在複雜的環境中，並測量其所生出的小老鼠的能力。結果，只有父親沒效果，相反的，母親在越複雜的環境中被飼養，孩子的海馬迴功能就越強。

從後生學的知識中，就能夠理解，因為對染色體與DNA的後天化學潤飾，在精子的部分受到重組，而卵子的部分則能繼承下去。

以上的結果畢竟是老鼠的實驗，所以若要用這份數據妄下定論，還言之過早。然而我們人類同為哺乳類，不能完全無視這個數據。對於女性的懷孕，為慎重起見，年輕時在良好環境生活比較好。畢竟即使不生小孩，很明顯的，良好環境對當事者而言還是有好的影響。

9

腦怪癖

愛看圖像

人類是對「圖像性說明」沒有抵抗力的生物

訓練大腦真的有效嗎？

以前日本曾流行過「訓練大腦」的電玩遊戲。以腦研究的臨床來看，如何看待訓練大腦的效果呢？雖然持否定意見的人不少，但不乏有論文支持這種方法的效果。譬如瑞典的柯林柏格（Klingberg, T）博士等人，在使用腦圖像法的研究就很有名，但現在科學家中還沒有統一的見解。

我經常被問到：「玩小沙包或做料理等，對於訓練腦真的有效果嗎？」但我總會因詞窮而不知如何回答。大部分的情況，我都會回答：「嗯，總是比什麼都不做要好。」

我之所以回答得模糊不清，是由於一般用來支持「對腦有益」的理論基礎，幾乎所有案例都有著「做〇〇就會活化大腦，因此只要做〇〇就能鍛鍊腦」的結論。

然而這當然不足以成為證明。不能接受這種說法的人，只要試著在「做〇〇」中填入不同項目就好。譬如可以放入「被強盜用槍口抵著」會怎麼樣呢？雖然不曾看過這種資料，但在緊急狀況下，想必會提升大腦的活動量，不過，這或許不能說是在訓練腦吧……？

在訓練腦方面，應該被視為問題核心的，並非在訓練中如何活化大腦，而是透過訓練，腦會有怎樣的變化（或成長）。即使在訓練中再怎麼活化大腦，腦本身如果沒有產生「變化」，就不能算是訓練「有成」。

而且即使腦有變化，如果成績沒提升，就完全沒意義。嘗試大腦訓練者真正在意的，並非腦的活化程度如何，而是結果「成績是否提升」或「能不能預防老化」。

若這麼一想，「訓練大腦」這個詞彙本身就失去了意義。對現實生活而言，譬如在做計算練習時速度會變快，這結果就已經足夠了。因為我們所期待的，始終都是透過訓練而展現於外的變化，而不是大腦本身的內部變化。

提高工作記憶的訓練

許多人約在十年前接受了腦科學研究熱潮的洗禮，但因為現在開始注意到腦變化的矛盾，才會對剛才提及的柯林柏格博士關於「訓練腦有效果」的發表感到衝擊。這個研究的重點有兩個：

首先，在這個研究中所注重的，並非是在訓練中大腦如何活化，而是訓練後的大腦有什麼變化？

其次，這個變化要用「多巴胺受體」量來觀測。多巴胺是腦的神經傳遞物質之一。若接收多巴胺訊號的受體數量有變化，就可以充分主張「腦有物質性變化」的事實。

柯林柏格博士等人的訓練法，並非使用電玩遊戲，而是訓練工作記憶。工作記憶是一種「即時記憶」，譬如要在記憶中保存「2937401」這個隨機數列，在背誦三十秒後做實驗，結果得知，重複訓練工作記憶，可逐漸提升記憶能力。

透過這個訓練，大腦皮質的多巴胺受體量會發生變化，這是此次發現的重點。

當然，要將這個發現立刻產生因果關係，還是要謹慎些，但從過去已經發表的動物實驗可以得知，大腦皮質的多巴胺受體活動若受到阻礙，工作記憶就會下降。此外，阿茲海默症或精神分裂症也會降低工作記憶。基於這項事實，今後對於這個研究發展，我們將寄予厚望。

在此特別先將柯林柏格博士等人所提倡的訓練量，告訴各位讀者。他們的實驗是針對十三位二十幾歲的男性進行訓練，以一天三十五分鐘，一週五次的頻率，重複約五個星期；這個訓練量只要有毅力，就能一直持續進行。

MRI連結了腦研究與心理學、哲學

過去也有過幾次腦科學的研究熱潮。我們試著去追溯這些熱潮，結果發現，與發現神經傳達物質，以及在科學與研究技術上有所革新的同期。上次的腦科學研究熱潮應該算是「MRI（核磁共振攝影）」普遍化時期。

MRI是劃時代的發明。二〇〇三年的諾貝爾生醫獎就是頒給MRI的開發者。MRI的優點就是能以非侵入式的方式觀察人腦。所謂的非侵入式就是「不伴隨疼痛或身體損傷」的意思。

因此MRI可以觀察「幾乎保持原狀」的大腦。戀愛、自尊心、正義感、意志等等，對於這些過去的神經科學家們無法處理的未知領域，都因為MRI拓展了可能的研究範圍。所以腦研究與心理學、哲學之間的隔閡縮小了。現在腦科學的現狀，就是融合各種不同的領域。

這種科學家們的興奮，肯定就是幾年前「腦熱潮」的火種。我也是腦科學研究人員之一，對於大腦備受眾人的關注感到很高興。

這個才是真的

說到「腦熱潮」出現的新學說，讓人想到美國科羅拉多州立大學的麥凱布（McCabe, DP）博士等人，與加州大學洛杉磯校的卡斯特（Castel, AD）博士等人所進行的奇特實驗。他們對一百五十六名大學生，以腦科學的方式說明「錯誤學說」，然後讓受試者評估這些學說值得信任的程度。舉例來說：

——看電視與解數學問題等狀況，人類的腦部位（顳葉）會有共通活動。因此，看電視會提高數學能力。

就是像這樣的學說，所導出的其實是不正確的結論。

麥凱布博士等人與卡斯特博士進行的實驗是這樣：說明（沒告訴學生這是謊言）並請學生評估下列三個解說，請他們表示哪個科學可信度最高。

解說(1)只有說明文字
解說(2)說明文字＋ＭＲＩ腦部影像資料
解說(3)說明文字＋用ＭＲＩ資料做成的長條圖

在此請注意一點：圖本身並非有用的情報。圖頂多是附錄，只有說明文字寫的才是有意義的情報。可是，實驗的結果，（２）被評估為「最具備科學證據，說服力最高」。在看到腦活動的影像後，我們就會習慣認定「這個才是真的」。生物倫理學者拉辛（Racine）博士等人，把這個效應稱為「神經現實主義」。神經現實主義會因為媒體將資料極度單純化，而更增大其效果。

簡報的致勝關鍵！

即使ＭＲＩ腦活動資料很有說服力，所得到的也不過是「相關性」。譬如拍攝「吃美

解說(1)

神經系統本身是封閉的空間，透過構造性的可塑性讓生理性功能的狀態遷移。同系統擁有動態的內發性，作為來自外部環境的觸發器，創造出新的內部原動力。
因此，神經系統的活動狀態與外部環境有機動性相關。在這個關聯上，神經系統會按照環境的變動產生相互作用的狀態變化，一般稱此為「行動」。行動往「看似適切」的方向變化就稱為「學習」；往看似不適切的方向就稱為「疾患」。
可是，不管行動或學習，對神經系統的要素而言，都完全沒有意義。行動與學習是來自系統外部的描寫，換句話說，這不過是來自實驗者或觀看行為的觀察者的視點。
運行神經系統的意思，就是將來自外界的刺激收入變成系統內部的搖動，自發性創造出新的功能狀態，動作本身並不含對錯的判斷。是否適切，是從我們觀看的視點來看，為單方面的偏見性價值基準。若從神經系統的面來看，關於生命體的動作，其有效性並不事先存在。
往新狀態遷移的軌道並不會根據環境來決定，這點必須注意。有關人類感覺與運動的神經細胞（神經系統的外部交點）大概有一千萬個，相對於此，系統內部的神經細胞（廣義上的聯絡神經元）遠遠凌駕其上，有一千億個。而且，內部結合的模式，距離單純的依序路線相當遠，有高度的遞迴性，更經常自發性活動。

解說(2)

神經系統本身是封閉的空間，透過構造性的可塑性讓生理性功能的狀態遷移。同系統擁有動態的內發性，作為來自外部環境的觸發器，創造出新的內部原動力。
因此，神經系統的活動狀態與外部環境有機動性相關。在這個關聯上，神經系統會按照環境的變動產生相互作用的狀態變化，一般稱此為「行動」。行動往「看似適切」的方向變化就稱為「學習」；往看似不適切的方向就稱為「疾患」。
可是，不管行動或學習，對神經系統的要素而言，都完全沒有意義。行動與學習是來自系統外部的描寫，換句話說，這不過是來自實驗者或觀看行為的觀察者的視點。
運行神經系統的意思，就是將來自外界的刺激收入變成系統內部的搖動，自發性創造出新的功能狀態，動作本身並不含對錯的判斷。是否適切，是從我們觀看的視點來看，為單方面的偏見性價值基準。若從神經系統的面來看，關於生命體的動作，其有效性並不事先存在。
往新狀態遷移的軌道並不會根據環境來決定，這點必須注意。有關人類感覺與運動的神經細胞（神經系統的外部交點）大概有一千萬個，相對於此，系統內部的神經細胞（廣義上的聯絡神經元）遠遠凌駕其上，有一千億個。而且，內部結合的模式，距離單純的依序路線相當遠，有高度的遞迴性，更經常自發性活動。

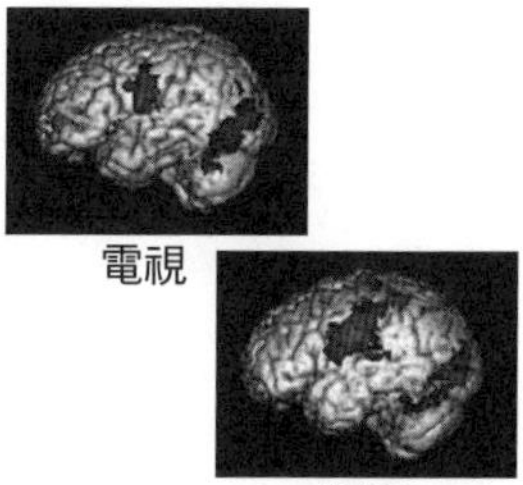

解說(3)

神經系統本身是封閉的空間，透過構造性的可塑性讓生理性功能的狀態遷移。同系統擁有動態的內發性，作為來自外部環境的觸發器，創造出新的內部原動力。
因此，神經系統的活動狀態與外部環境有機動性相關。在這個關聯上，神經系統會按照環境的變動產生相互作用的狀態變化，一般稱此為「行動」。行動往「看似適切」的方向變化就稱為「學習」；往看似不適切的方向就稱為「疾患」。
可是，不管行動或學習，對神經系統的要素而言，都完全沒有意義。行動與學習是來自系統外部的描寫，換句話說，這不過是來自實驗者或觀看行為的觀察者的視點。
運行神經系統的意思，就是將來自外界的刺激收入變成系統內部的搖動，自發性創造出新的功能狀態，動作本身並不含對錯的判斷。是否適切，是從我們觀看的視點來看，為單方面的偏見性價值基準。若從神經系統的面來看，關於生命體的動作，其有效性並不事先存在。
往新狀態遷移的軌道並不會根據環境來決定，這點必須注意。有關人類感覺與運動的神經細胞（神經系統的外部交點）大概有一千萬個，相對於此，系統內部的神經細胞（廣義上的聯絡神經元）遠遠凌駕其上，有一千億個。而且，內部結合的模式，距離單純的依序路線相當遠，有高度的遞迴性，更經常自發性活動。

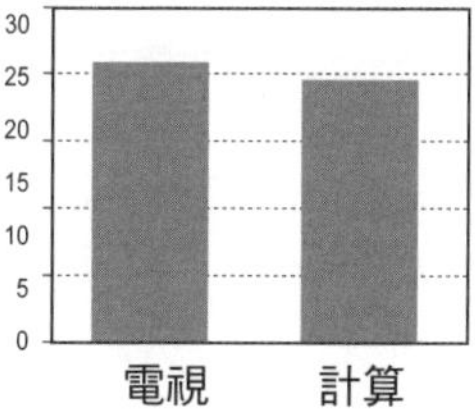

較具有可信度的解說是哪個？ （改自Cognition 107(2008)343-352）

味巧克力」腦影像時，我們並不會得知「美味」的理由也沒辦法透過「訓練腦」來鍛鍊味覺。畢竟巧克力很好吃，看電視不會成為天才數學家等，這些事不用掃描腦也是不言而喻的。

不管是商業還是娛樂，為了和「（乍看之下）科學的解說」打交道，我認為每個人都應該需要培養最低限度的科學素養（活用能力）。

這個實驗以說服對方的目的來說，也可以解釋成「簡報的影像正是致勝關鍵」。即使傳達相同的內容，也會根據「做法」不同而改變說服的程度。雖然好像有點狡滑，不過要在公司裡通過企劃案，或是經商訂立契約，需要相稱的簡報技巧是理所當然的。話說回來，圖像又會改變可信程度，看來人類這種生物，對圖像說明是特別沒有抵抗力的。

用圖像說明來做簡報，傳達的效果最大！

10

腦怪癖

在意他人目光

不知為何會採取犧牲自我的計畫

為什麼不願在人前放屁？

我們一般認為，人類是組織社會的集體動物。可是「社會性」與「集體性」本來指的是什麼呢？這實在很難下定義。

社會行動研究的權威，加州理工學院的阿多爾夫斯（Adolphus）博士，將社會性認知定義為：「使自己與同種生物行動一致的資訊處理過程」。

既然沒有任何人，就失禮一下吧……

也有研究者將社會性認知定義為「抑制」行動。意思就是，「獨處時能做的行為，如果在人前不能做，就是社會性認知」。

譬如挖鼻孔、放屁這些行為，若是獨處時或許會做，但在旁人在場時就會有所節制。這麼一想，就能認同「在意他人目光」即是社會性的根本。

有協調性的魚

讓我來介紹瑞士紐夏特大學的夏瑞（Bshary, R）博士等人的研究，實驗對象不是人類，而是使用魚。

實驗使用的是裂唇魚，相信是海水魚迷很熟悉的魚類。

裂唇魚有種獨特的行為，會吃附著在石斑魚等巨大魚類（這裡就稱其為客戶吧）上的寄生蟲，替牠們進行清掃。這種魚的夫妻感情很好，常常是雌雄二隻配成對，一起打掃客戶。

然而有趣的是，裂唇魚其實並沒那麼喜歡寄生蟲。牠真正喜歡吃的是客戶分泌的黏液。可是，若吃太多黏液，客戶就會拋棄這隻裂唇魚而游走。為了不失業，裂唇魚沒辦法，只好也吃寄生蟲。

當裂唇魚進行群體行動時，若自己只吃黏液（雖然自己覺得好吃），就會給夥伴帶來麻煩。這裡就對別人的行動產生了意識。

夏瑞博士等人關注到這點，在裂唇魚在獨自清掃與群體清掃時，試著去比較牠們吃黏液的比率。頗有意思的是，當裂唇魚是群體清掃時，吃黏液的比例下降到一半。似乎是因為有別人在，所以會對自己的行為有所節制。

博士更進一步，試著同時給飼養在水槽的裂唇魚「蝦」與「鯊魚肉」當飼料。若水槽裡只有一隻裂唇魚，通常會喜歡吃蝦，但當兩隻魚要分享蝦，吃蝦的比率就會減少，反而較會去選擇吃鯊魚肉。

雖然我們無法想像裂唇魚如何思考而改變行為，但我認為，這個行為超越了單純的「協調性」，甚至還能感覺到牠們的「擔心」與「體諒」。

為什麼我們不會偷別人的東西

在社會行為中，有一個重要因素是「犧牲自我」。即使自己有損失，也要為別人奉獻。這種奉獻於提升社會道德而言是很高尚的。

如果問說為什麼不能偷別人的東西呢？一般會認為這是「理所當然的規則」，根本不需要問。可是，若是認真思考答案就會知道，這問題實在很難回答。實際上，這是連哲學家都非常傷腦筋的難題。

為什麼我們不會偷別人的東西？或者，為什麼會覺得不能偷？——我們唯一明白的是，「要是能自由地偷別人的所有物，那自己的東西也很可能會被偷」。之所以不偷東西，其實也有「為了自己」的隱藏意義。

犧牲自我的高尚（？）情操

在大部分的情況下，人會以自己的利益為優先。資本社會的基本原理就是建立在人類的這種習性。有時我們卻會犧牲自己本身的利益，以道德或社會的價值為優先。

如果是純粹的考量損益，要是在街上見到竊盜或性騷擾，不去干涉才是上策。可是，人卻會花費勞力與時間，想抓住壞人加以處罰，或是「特地」去通報警察。

人類這種動物，不知為何，有時就是會採取犧牲自我的行動，真是很不可思議。當然，也正因如此才能確立社會的秩序，使我們被迫遵守規則。不過，造成我們這麼做的腦的構造，到底是怎樣呢？

關於人類犧牲自我的特徵，在「最後通牒遊戲」實驗中有過詳細的調查。這是一種兩人平分金錢的遊戲。如第四章中說明過的，這個遊戲有條重要的規則，分配率的提示機會只有一次。如果拒絕提議，兩人的收入都會變成零圓。若只考慮損益，任何分配率都不拒絕比較好，但人類不知為何卻會拒絕不公平的提議。「拒絕」的意思就是犧牲自己的利益，對他人加以社會性制裁。

當然，「拒絕」這個行動的選擇，並非以創造善良社會為目標的美德。對當事者而言，可能只是因為不同意而表示不滿，或者可以解釋為賭氣、自暴自棄。不管真相如何，這種個人的意志決定，以結果而言，的確是社會整體的秩序與平衡的基礎。

柯恩（Cohen, JD）博士用MRI測量了實驗對象玩遊戲時的腦部活動。在人類決定是否接受金額的提議時，前額葉皮質區的「腹外側部」會活化。那麼這個腦部位會計算什麼，執行什麼呢？瑞士蘇黎世大學的費爾（Fehr, E）博士等人的實驗數據提示了這個問題的答案。

費爾博士他們針對遊戲中的實驗對象，使用TMS磁力刺激裝置，試著麻痺前額葉皮質區，於是得到令人驚訝的結果。右腦的前額葉皮質區一旦不運作，無論多麼無理的要求，人們都會接受。詢問實驗對象會發現，他很明白配額是不公平的，可是，他不會拒絕，而是以自己的一點點利益為優先。

麻痺前額葉皮質區，就會讓受試者變成自我中心的人。看來自我犧牲的高尚（？）情操就蘊藏在前額葉皮質區。

要合作還是背叛──「兩難遊戲」

關於自我犧牲，哈佛大學的諾瓦克（Nowak, MA）博士等人也報告了許多相關資料。他在研究室聚集一〇四位志願者，進行「兩難遊戲」。

遊戲如下，兩人一組重複金錢交易，雙方採取的行動有兩種──「合作」或「背叛」。

規則是，若選擇「合作」就付給對方一萬圓，然後可以從第三者那兒收到二萬圓的回報。相對地，「背叛」則是從對方身上搶奪一萬圓後逃走。

不管選哪個結果都是得到一萬圓，可是這個遊戲的重點，在於根據對方的行動不同，獲得的金額也會跟著改變，而且由於對方會與自己同時進行選擇，因此必須考慮彼此的行動。

若自己選擇「合作」，對方也選擇「合作」，此時彼此都能獲得一萬圓，但如果對方選「背叛」，總計就會損失二萬元。當然，選擇「背叛」的對方可得到二萬圓。此外，若彼此都選「背叛」，雙方所得就都是零圓，餘額沒有變化。規則可以統整成以下的圖。

在這種規則下**重複交易**，人們選擇的行動會是如何呢？根據實驗，只有百分之二十的人會選「合作」。為什麼呢？實際參加遊戲就會很清楚了。

從規則看來，一起合作對雙方來說當然是最圓滿的，但如果只考慮自己的利益，讓對方選擇合作而自己選擇背叛，更能大賺一筆，本來是獲得一萬元就變成獲得二萬圓了。另一方面來看，若是對方選擇背叛，自己要是不背叛的話就會有很大的損失。

換句話說，不管對方選擇什麼，對自

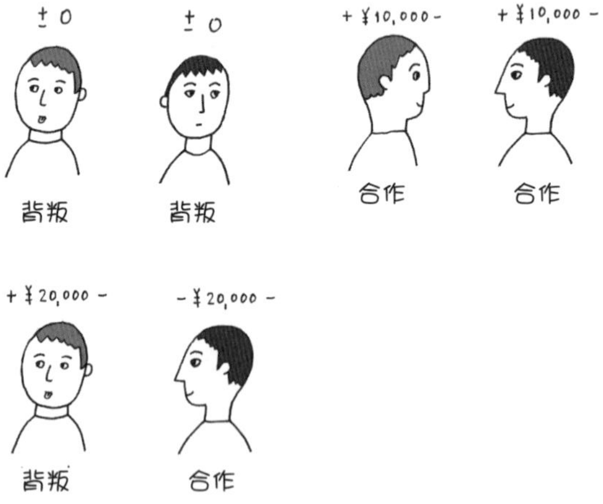

「兩難遊戲」所顯示的意義是？

己來說，選擇「背叛」都是上策。因此，選擇「背叛」的案例自然就增加了。雖然其實想彼此「合作」，但不得已選擇「背叛」——這就是稱為「兩難遊戲」的理由。

懲罰為什麼會存在？

後來，諾瓦克博士等人導入了新的有趣規則，設了新的選項「懲罰」，當對方採取令人感到不快的行動時，有予以處罰的權利。「懲罰」就是從提議者的持有金額中，支付一萬圓，就可以課受罰者四萬圓的罰金。當然，要是只考慮自己的利益，不要「懲罰」對方比較有利。因為若實行懲罰，自己也會損失一萬圓。換句話說，這是「犧牲自我」的規則。施予懲罰的人雖有損失，而對方的損失則更大。

那麼，有「懲罰」會使人的行動如何變化呢？結果竟然變成有百分之五十以上的人選了「合作」，這真是有趣。乍看之下純粹善意的「合作」，實際上也可以解釋為**害怕懲罰的利己**選擇。

從這個實驗還能明確得知兩點事實。

第一點是，不管有無「懲罰」的規則，最終平均獲得的金額都沒有差異。儘管透過導入「懲罰」，的確增加了「合作」的選擇，但並不一定會提升整體的獲利金額。

第二點則是，越會利用兩難遊戲賺錢的人，實際上越不會行使「懲罰」的權力。實際上，獲得高額金錢者的前百分之二十，每個人的執行懲罰率都在倒數百分之三十以下；相反的，執行懲罰率在前百分之二十的人，獲得的金額則在倒數百分之三十以下。

換句話說，「懲罰」雖成為一種規則，但實際上卻沒有必要。我們可以透過這種簡單的實驗，闡明像這樣的「無形之力」如何成就安定的社會。

「揮淚斬馬謖」的矛盾糾葛

揮淚斬馬謖——諸葛亮不流於私情，遵守軍法，下令斬殺得意門生馬謖，這是著名小說《三國演義》裡的經典情節，是廣為人

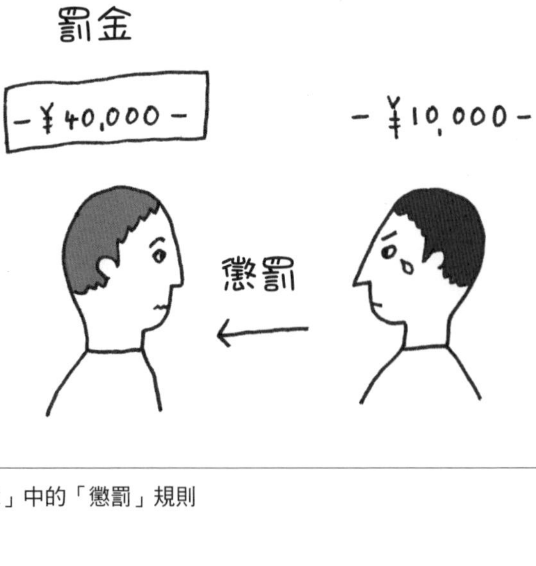

「兩難遊戲」中的「懲罰」規則

知的有名橋段。

我們在工作與日常生活中，經常處於理性與感性兩邊互相矛盾的糾葛夾縫中，而被迫做出決斷。在這種時候，大腦會如何決定意志呢？

美國的倫理哲學家湯姆森（Thomson, JJ）在一九八五年提出了「有軌電車問題」，問題是這樣：「故障的電車失去控制而飛馳，但軌道的前方有五個人沒注意到這狀況，若放任電車向前衝去，所有人部會死於事故。此時，你的眼前有個切換電車軌道的控制桿，如果成功切換，五個人就會得救。可是，切換後的軌道前方卻有另外一個人。請問你會拉控制桿嗎？」

如果任電車失控，就是對五個人見死不救；若拉控制桿，雖可以救五個人，卻會因自己的選擇而殺死另一個人。在碰到這種緊迫狀況時，很多人會在焦慮的苦思，並選擇拉控制桿。因為比較起來，比起一人死亡，死了五個人的情況在人道上會被判斷為「惡」。

針對人類在做有軌電車問題決斷時的腦部活動，美國普林斯頓大學的格林恩（Greene, JD）博士等人提出了報告。一如料想地，與情緒有深切關係的腦部位會活性化，其中，特別有顯著活動的部位是「額葉」。

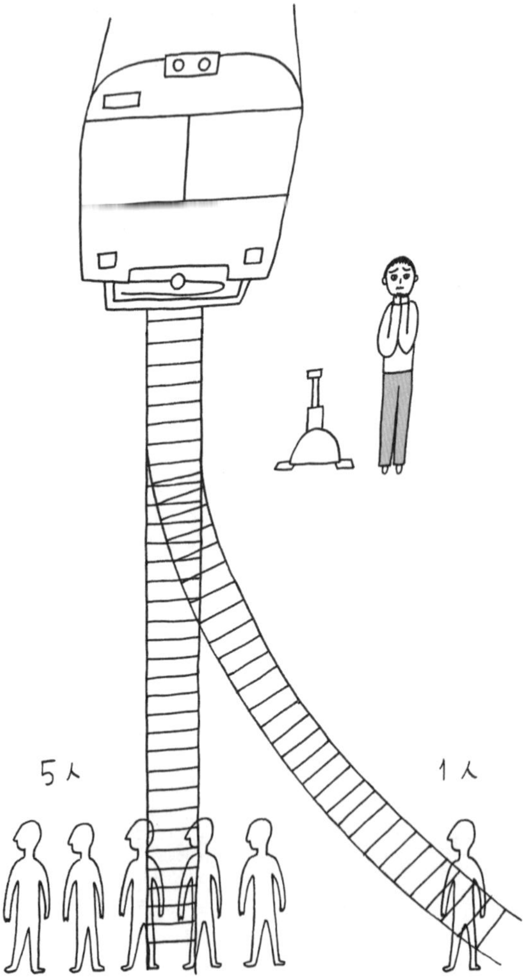

你會拉控制桿嗎？——「失控電車的兩難問題」

人性是不講道理的

那麼，要是額葉沒有好好發揮作用，我們的判斷力會如何變化呢？美國愛荷華大學醫院的阿道夫茲（Adolphs）博士等人，針對六名在額葉某部分的「腹內側前額葉」有損傷的患者，進行失控電車兩難問題試驗的結果。

腹內側前額葉要是有障礙，人類就會失去羞恥、同情、罪惡這些形成社會道德的基本感覺。可是，因為知性與邏輯性依然健全，測驗的結果會與健全者相同，做出犧牲一人救五人的決定。

然而，問題的狀況若發生改變，腦損傷者就會展現不同的反應。例如問題不是為了拯救五個人而拉控制桿，而是詢問製造別的犧牲者來營救這五個人：「如果把一個站在你旁邊的陌生人從月台推下去，就能使電車停止，拯救五個人，你會不會這麼做？」

從數學上來說，一個犧牲者就能解決，這一點其實與拉控制桿的狀況一樣。可是普通人應該做不到把人推下月台這種事。然而，腹內側前額葉有損傷的患者，卻會毫不猶豫地選擇將旁人推下。

腦損傷者可說是極端的功利主義者。的確，若只按照犧牲人數來判斷，把一個人推下去是比較好。但健全的人對於製造新的犧牲，會感到強烈的猶豫與罪惡感，但並不會自己跳下月台去阻止電車。冷靜思考後會發現，我們的道德觀既不講理也不合邏輯，可是這種沒根據又扭曲的直覺，會產生所謂的「人性」，其結果與犧牲自我的精神同樣對善良的社會產生貢獻。

「像馬謖如此能幹的武將沒必要處決」，不顧周圍的阻止，諸葛亮雖然悲傷，卻仍要遵守紀律。社會道德的糾葛，自古以來就成為許多逸聞與故事的主題。從現代的腦研究觀點來觀察，其中卻是大有學問。

11

腦怪癖

很愛笑

「改變外觀」就會變幸福？

最強的溝通武器

We shall never know all the good that a simple smile can do.

一個簡單的笑容，具有無法想像的可能性。（作者譯）

這是德蕾莎修女的話。自古以來，在心理學的調查報告中就指出笑容的效果。快樂的感情有容易解決問題、提高記憶力與注意力的效果。笑口常開，幸福就會來——積極展現笑容，與更好的生活方式有關。

笑容的效果，首先可以舉一些有強大影響力的例子。「看到笑容就心情愉快」是人類共通的心理。只要看到有人笑得很開心，就不會覺得氣氛很彆扭，也不會有令人討厭的感覺。

另一個例子是，笑容會感染。有個如此奇妙的實驗：要如何讓平時不太笑、總是板著面孔、難以接近的人笑？再怎麼有趣的笑話，也無法百分百保證能讓人發笑，反而可能令人不高興。這時，只要坐在此人身邊，沒來由地一直笑，才是最有效的方法。

俗話說，「伸手不打笑臉人」，意思是，就算氣到想揍人，只要對方在笑就無法狠下心，這正是笑容的力量，笑容是溝通最強的武器。

「因為開心所以笑」其實因果應該相反

隨著研究進展發現，不只對看到的人（笑容的接收者），對笑容的製造者（笑容的發出者）笑容也有明顯良好的心理效果。

首先來介紹德國馬德堡奧托・馮・格里克大學的蒙特（Munte, TF）博士等人的論文。

請見次頁插圖。

女人嘴裡叼著筷子，左圖是用牙齒橫向咬著，右圖是用嘴唇縱向夾著。

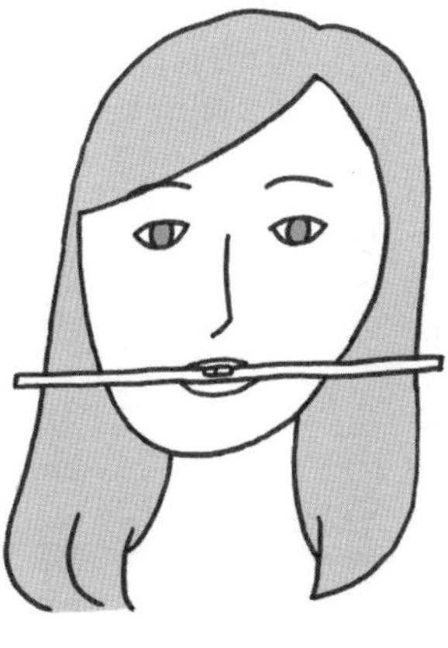

製造「類似笑容的表情」。（改自PLoS One 4:e5754,2009）

橫向叼著筷子時（左），使用表情肌肉的方法與笑容類似，不過這絕對不是笑，而是表現類似笑容的表情。而縱向叼著筷子時（右），就變成鬱悶的表情。

蒙特博士製造類似笑容的表情，發現多巴胺系的神經活動有變化。「多巴胺」是腦的獎賞系統，也就是有關「快樂」的神經傳遞物質；明白這點，就會知道我們腦中的因果關係是因為露出笑容而變快樂，這比起因快樂而露出笑容的說法更加正確。

如果我們用上頁圖中的兩種表情來看漫畫，並給漫畫的趣味程度評分。結果可以發現，即使是相同漫畫，橫向叼筷子者會得到較高的分數。

還有更令人驚訝的發現，請看以下的詞彙列表：

美味　死　親切　誇獎　輸　笑　失敗　黑暗　遊樂園　……

請如圖中所示的方式叼著筷子，並試著將這些詞彙分類為「快樂」或「悲傷」類感情。結果顯示，當橫向叼著筷子時，判斷「快樂詞彙」的所需時間，比判斷「悲傷詞彙」的時間要短。換句話說，笑容可以提高找出快樂事物的能力。

笑容竟然有收集明亮開朗事物的功能，這點令人覺得不可思議，然而，支持這種現象的證據，其實也可以從另一個「肉毒桿菌毒素」的實驗中得知。

肉毒桿菌毒素的另類效果

對美容感興趣的女性，相信都聽過肉毒桿菌毒素，這是防止肌膚老化的魔法物質。

實際上，肉毒桿菌的**毒素**，常成為食物中毒的原因，而廣為人知。這類型的食物中毒，症狀輕微時只會四肢痲痺，但嚴重時會無法呼吸致死。換句話說，肉毒桿菌毒素有**鬆弛肌肉**的作用。

將這種毒素注射在臉上，會讓顏面肌肉的動作變遲鈍，因此不容易起皺紋，這就是預防老化的原理。雖然具有缺乏表情的缺點，不過，擔心外貌衰老的富裕階層與演藝圈人士還是廣泛使用。

關於這種肉毒桿菌毒素的效果，美國南加州大學的尼爾（Neal, DT）博士提出頗有意思的報告。若我們使用了肉毒桿菌毒素，就會變得**很難去揣測對方的感情**。

尼爾博士給總計一百二十六位參加者看各式各樣的表情照片，再從這些表情中分辨出「快樂」或「悲傷」等感情。結果在參加者臉上注射肉毒桿菌毒素後，他們能分辨出照片中人物表情的能力就下降了。

尼爾博士認為此報告顯示出，「人會在無意識中，一邊模仿對方的表情，一邊解釋對方的感情」。看到面露笑容的人，或許你會毫無疑問地覺得，對方「似乎感到很快樂」，但實際上，卻不一定是那麼一回事。

如同對嬰兒微笑，嬰兒就會報以笑容，我們人類本來就有模仿他人行為的習慣。特別是對於有共鳴的對象，更會無意識做出類似的動作（說不定更有可能是因為先模仿才發生共鳴）。

從表情看出對方感情的時候，譬如看到露出「笑容」的對象，自己也會稍微試著模仿那個表情。因為笑容的效果，讓自己的感情變快樂，再加上「模仿以後變快樂，所以對方是快樂的」這樣的推論，我們就是藉此揣摩他人的感情。

如此想來，就能理解這個不可思議的結果：笑容會傳染給人，或是製造笑容就能更快判斷出代表快樂的詞彙。

觀察這麼令人驚訝的一連串結果，可見年長者的笑紋是多麼美妙的人生勳章啊！那一定是被露出笑容的人們圍繞著而產生的。

順帶一提，在對談中，如果對方在喝咖啡，而自己也將手伸向咖啡杯；或是對方托腮，自己也托腮，這類若無其事模仿對方的動作，可以增加對方對自己的好感。猴子也會喜歡模仿自己行為的同類，所以模仿可以說是超越物種，具有拉近彼此心靈的力量。

人為什麼笑

人為什麼會笑？這是一個流傳已久的哲學問題。從剛才舉的幾個實驗例子可以發現，人類似乎會積極利用笑容的能力。

不只是笑容，人類本來就是表情豐富的生物。人類用來製造表情的顏面肌肉，遠比其他動物來得發達。多樣化而豐富的表情，不僅有助於和別人溝通，而且如同之前說明的，表情也會影響製造表情的當事者。約在一百四十年以前，達爾文就提出了相同的看法，不過當時並沒有以科學證明。

關於表情會影響當事人情緒這點，最近的研究以加拿大多倫多大學的心理學家薩斯坎德（Susskind, JM）博士等人的實驗，最具代表性。

對於「恐懼」與「厭惡」的表情實驗，或許很多人不曾留意過，兩者雖然同為「負面」感情，卻是對比的表情，因為肌肉的使用方式正好相反，請見右頁圖示的箭頭方向。

薩斯坎德博士讓受試者做出恐懼與厭惡的表情，調查所產生的各種身體變化。這裡要注意的是，受試者並非因為本身的感情做出恐懼或厭惡的表情，只是假裝感到恐懼或厭

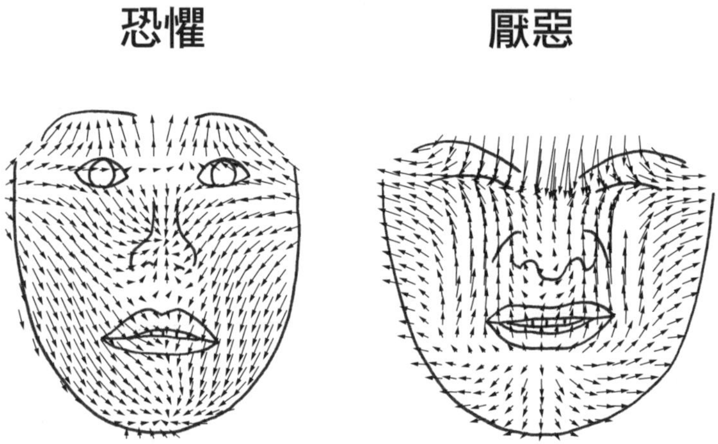

製造表情的顏面肌肉張力方向。

（改自Nature Neuroscience 11,843-850（2008））

惡。

有趣的是，做出恐懼的表情時，發現視野會隨之變廣、眼球加速轉動，能夠觀察到較遠的標的。還有，鼻腔會擴張，呼吸的空氣量也會提高。另一方面，做出厭惡的表情時，則會完全相反，視野變小、鼻腔縮小、知覺力下降。

這是合理的變化。覺得恐懼時，會變敏感並強化偵測外部的能力，是因為必需做出相應的準備。另一方面，當感到厭惡時，則會關閉輸入感覺官，這是「避免接觸不好事物」的作戰策略。

這個實驗數據顯示，對於恐懼而做出的準備，並非恐懼的情緒展現，而是經由製造恐怖的表情，來打開感官開關。

臉部表情會影響當事者的精神與身體狀態，稱為「臉部回饋」效應。在實驗上要做出可靠的驗證還有困難，不過，支持臉部回饋假說的數據，除了薩斯坎德博士等人的研究以外還有很多。

端正姿勢就有自信？

重要的不只是表情，姿勢也很重要。

當坐在椅子上，背不要靠椅背，而要挺直背脊，姿勢端正，就會莫名地感到心情平靜。

日本有著像柔道、弓道（射箭術）或茶道等，稱為「〇〇道」的傳統，像這種「道」，共同強調的就是「姿勢」。

關於姿勢的重要性，自古以來就帶有各種說明，不管哪一種說明，大致都可以區分成兩類：①展現外部的形式美、②磨練內心的精神美。

①屬於視覺效果，直覺上容易理解，但我比較有興趣的，是以磨練內心為志向的②。

讓我來介紹西班牙馬德里自治大學的心理學家布里尼奧（Briñol, P）博士等人的實

任何「道」都是從端正姿勢開始。

驗數據。他們招募了七十一位大學生，調查姿勢對自我評價的影響。

實驗很簡單，就是對學生們進行問卷調查，題目是「請寫出自己未來在工作時會出現的優缺點」，並請學生用打直背脊的坐姿，或是用像貓一樣弓著背的坐姿，各自寫出答案。

結果顯示，伸直背脊的人所寫的內容，比起駝背的人所寫的內容，擁有較高的確信度。也就是說，伸直背脊者對自己所寫的內容，會更加堅信「我的確這麼認為」。

但是關於書寫的內容或列出的項目，則不會因姿勢而有差異。也就是說，端正姿勢不會讓自我評價本身產生變化，而是對自己寫出答案的自信程度產生變化。

中文是用氣勢，英語則是用身體表現

你知道英語中沒有相當於「加油」或「打起精神」的語言表現嗎？雖然有「別放棄」與「全力以赴」之類的具體用語，但一般而言，並沒有「頑固」或「氣」之類的精神性說法。

「氣勢」之類的抽象東西，對歐美人來說是意義不明的。雖然如此，要是追問「氣」是什麼，我也沒辦法說明得很好。的確，要是被問到「給我看看何謂氣勢」，實際上也沒辦法出示給別人看：「這就是氣勢」。

如果硬要把「加油」翻譯成英語，語感會比較接近「Chin up」或「Cheer up」。直譯就是「抬起下巴（＝不要低頭）」或是「發出歡呼聲」這兩個詞，都與身體的行為相關。

中英文的表現差異，令我覺得很有趣。中文是從心底用氣勢打起精神，而英文則是透過身體表現來打起精神。

這個差別雖然能用文化的差異來說明，但我認為，這種重視精神的用語也指出東方的傳統傾向。換句話說，東方文化對身體特性的表現不大重視。

近年的日本，過於重視精神性而忽略了身體的重要性。探索自我或是漫遊網路

中文是用氣勢，英文則用身體表現打起精神的樣子。

等放棄身體性，探求意識或心靈的「心靈之旅」很受歡迎。

我每天研究大腦的感想是：「健全的靈魂寄宿於健全的肉體」，這句話雖然是舊時代的尤維納利斯*（Juvenal）的名言，不過或許在這句話中，才真正隱藏著更多的生物學本質。

「首先從外觀開始改變」——正因為是在現代這種環境，所以我才會希望要重視這句話。關於這點，我想留待本書最後的第二十六章中再來討論。

甜美的記憶，痛苦的回憶

我們試著從其他觀點來思考表情與心理的關係。

譬如「甜美的記憶」「痛苦的回憶」這兩句話，重新思考可以發現，這是很奇妙的說法。記憶或回憶沒有味道，這是隱喻的修辭技巧，但即使不特地說明，我們也能很快理解這種 metaphor（隱喻表現）。

將經驗或感情比喻為「味覺」的手法，不只在中文中有，例如英文的「sweet memory」等，在許多語言中都能看到共通之處，由此可見，心理表現與味覺有本質上的關係。實際

*註：西元一～二世紀的古羅馬詩人。

上，加拿大多倫多大學的安德森（Anderson, Ak）博士等人已提出研究報告證明了這一點。

安德森博士等人的實驗重點在於舔食苦味、鹹味、酸味這三種不愉快滋味水溶液的表情變化。測量臉部肌電圖，可以發現，只有在舔食苦味時，臉部上唇拳肌會收縮，使鼻子旁邊的肌肉緊緊收縮。

接著，安德森博士等人改做視覺的實驗，也就是記錄受試者看到各種場景的照片時，上唇拳肌的活動情形。

結果顯示，當人們看到討厭的照片，例如屍體長蛆的畫面，上唇拳肌就會收縮，與嘗到苦味時的表情類似。而且，主觀感覺到的厭惡感越強，肌肉的收縮也就越強烈。

最後，博士等人進行了最後通牒遊戲。這是在本書中登場過好幾次的「平分金錢」遊戲，可以用來評估倫理與道德感。

根據遊戲實驗結果，若對方提出不能接受的分配金額，人的上唇拳肌就會收縮。

達爾文指出的表情先天性

安德森博士等人將「不能接受提出金額」的感情，分成「悲傷」「生氣」「厭惡」三種，再進行詳細的調查。結果，與上唇拳肌的反應有最強相關的是「厭惡」，此外，是否

感覺到苦味，會收縮鼻子旁邊的肌肉

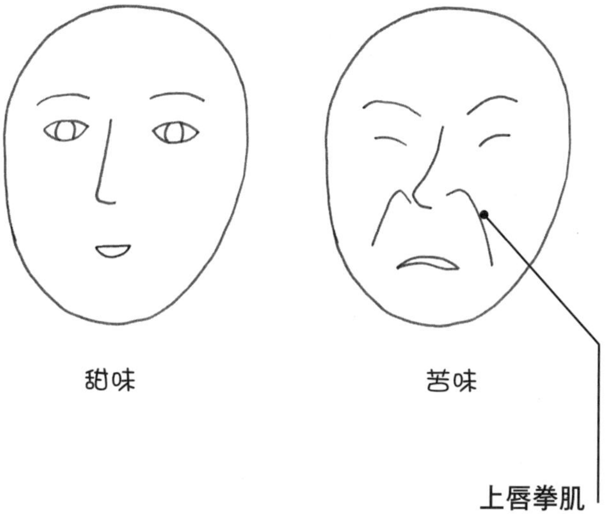

心理表現與味覺有本質上的關係！（改自Science 323:1222-1226,2009）

拒絕對方提議的決斷，最相關的也還是厭惡（有趣的是，居然不是「生氣」）。換句話說，道德上的厭惡感與苦味的表情，兩者有關連。

以這樣的事實為基準，安德森博士等人說明，「道德心是有進化性的，是以自古存在的心理反應為原型而衍生出來的」。可見我們已經在古老生物身上發現一套系統，會拒絕對生命不好的東西，如苦味（毒）或惡臭（腐敗）等，於是腦借用了這個有效的系統，進而創造出倫理這種高度的社會情感。

也許你會覺得，僅依照這個實驗得到的資料，就導出如此大膽的結論，是一件牽強的事，但這種理論的想法，已呈現在達爾文一八七二年寫的《人和動物的感情表達》（*The Expression of Emotions in Man and Animals*）。達爾文指出，表情是先天的。依照此論點，我們可以推測表情的功能是有意義地。

由於科學界重視再現性，因此很難對過去只出現過一次的生物「演化」過程，賦予堅定的意義或說明（因為不清楚演化是否有再現性），但我認為，從這個實驗所得到的啟發觀點，對我們在思考生活習慣與心理狀態的關係很重要，這點我也會在最終章再做討論。

12

腦怪癖

受費洛蒙吸引

汗水可以傳達「不安」和「性的訊息」

汗水可以將不安傳達給別人？

前一章提到關於笑容的功能：「製造笑容，可以為當事者與周圍營造出好氣氛」。本章是這個話題的延伸：不只是笑容，不安也有類似的效果。這是德國杜塞道夫大學的保澤(Pause, BM) 博士等人發表的論文，令人感到驚訝的結果是——汗水可以將不安傳達給別人。

當然，不安通常會經由表情、聲調，或是行為來傳遞。根據保澤博士等人的發現，即使完全沒有來自視聽覺的不安訊息，不安還是可以藉由擴散到空氣中的分子傳遞。

聽到這裡，大家首先會想到的，應該就是「費洛蒙」。從蟲子到脊椎動物，許多動物都使用費洛蒙來溝通。只是，人類似乎有點例外的動物，由於感受費洛蒙的犁鼻器退化，人類使用費洛蒙的情況極為有限，一般認為幾乎不使用。

保澤博士等人發現，「不安」的傳播與費洛蒙不同，畢竟費洛蒙屬於嗅覺。

人類可以嗅出從別人身體散發出來的臭味，也就是「體臭」。自古以來，眾所皆知，人類擁有專門辨識某人的能力。譬如加拿大麥基爾大學的隆斯特羅姆（Lundstrom, JN）博士等人就發現，女性可以從T恤上殘留的臭味，區別有血緣者與無血緣者。

若嚴格地來說明這個發現，從MRI的腦影像可以知道，這並非是由意識「可以區別」，而是在聞到近親者的臭味時，腦的額葉會更強烈活動，但這些女性在意識上無法區別這是誰的臭味。換句話說，無意識的腦會識別有無血緣關係的味道。這個潛在能力，大概是為了促進Nepotism（裙帶關係），或是避免亂倫所存在的重要功能。除了生理上的好惡，也可能是直覺本能。

性感費洛蒙真的存在嗎？

讓我們回到保澤博士的「不安」實驗。

聚集為取得學位，等候最終口試的四十九名大學生，用棉布回收他們在考試前緊張狀態，所流出的「不安汗水」，也從同一批學生身上，回收他們在體育館運動時流下的「運動汗水」。

然後，再請其他十四名學生，聞這兩種「不安汗水」與「運動汗水」，請他們分辨兩者。結果正確率有百分之五十一，只有大概一半的機率會猜對，也就是說，其實無法辨別。

然而，腦影像對於兩種汗水顯示了不同的反應。即使人類在無意識中，還是可以清楚區別不安狀態下流的緊張的汗，以及運動時流的爽快的汗。

其中，不安的汗會讓「腦島」等部位活化。腦島是有關同情與痛苦的大腦領域。因此，不安的汗可能會激發他人的同情心。

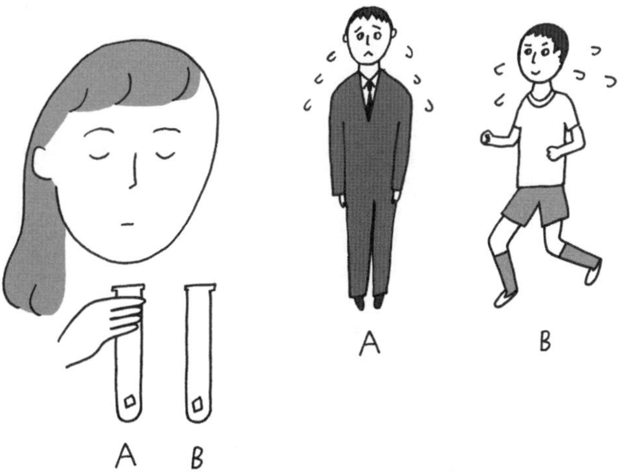

腦會清楚辨別「不安的汗水」與「運動的汗水」！

保澤博士等人導出了一個絕佳的實驗結論：「這種化學感覺引起不安的生理反應，應該與感情的自動傳染有關。換句話說，『聞別人的味道』，是將別人感情的化學訊號，輸入自己的內心」。

的確，在日常生活中，常會發生不曉得為什麼莫名地對某人產生同情，可能這就是因為對方正在散發SOS的汗水。

如前所述，由於人類對於費洛蒙的溝通能力大幅退化，只有在極端有限的情況下才會使用這能力。因為即使不使用費洛蒙這種原始手段，人類也兼備語言、表情或是動作等更能纖細傳達訊息的方式。

此外，幾乎可以確定在人類身上有費洛蒙存在的，是美國芝加哥大學的麥克林托克（Martha K. McClintock）博士等人，大約在四十年前，從「在宿舍共同生活的女學生生理週期會一致」的現象，預言了費洛蒙的存在。現在一般認為，從人體腋下的頂泌腺分泌的雄二烯酮，是無臭的物質，就是原因。只不過，現在還沒得到完全的結論。

但即使有如此明確作用的物質，科學家仍不會輕易將之稱為費洛蒙，最多只會稱為類費洛蒙物質。畢竟，大多數的研究者還是採取比較謹慎的態度。

雖然比喻性感的女性為「費洛蒙美女」，但很可惜的，女性傳達給男性的「性感費洛蒙」是否實際存在，是很值得懷疑的。

性妄想會在女性面前敗露？

機會難得，雖然不是費洛蒙，但請讓我來介紹關於「性訊息」的化學感知論文。與剛才的例子一樣，這也是藉由研究汗水所獲得的發現，是美國萊斯大學的陳（Chen, D）博士等人的研究。

研究是請二十幾歲的二十名男性看影片。影片有兩種，長二十分鐘，一種是教育節目的影片，另一種是男女兩人正在發生性行為，也就是所謂的成人影片。看完以後蒐集他們的汗水，再將這個汗水拿給十九名女性聞。

對女性來說，這兩種汗水並沒有哪一種特別討人喜歡。換句話說，在意識上，這兩者的價值幾乎相等。然而，監視女性大腦的活動會發現，當聞的是男性在看成人影片所流出的汗，「眼框額葉皮質」與「梭狀迴」、「下視丘」這些部位會強烈活動。這個案例也與前面提過的案例一致，雖意識上無法分辨，但在無意識中，腦卻可以清楚辨別。

這三個腦部位，眼框額葉皮質與嗅覺有關，下視丘與性行為有關，而梭狀迴則與這兩者皆無關。陳博士等人將這個數據解釋為，「性的汗水有超越『性』的全面性神經作用」，並將此泛稱為「社會性化學知覺」。

即使如此，男性的腦內幻想要是會顯露給周遭女性（的無意識腦），感覺上是挺害羞的。

香味的刺激會直達腦部

芳香療法是積極把香味用到生活中的保養方式。芳香療法這個詞是一九二〇年代後半，由法國的科學家雷內．摩利斯．蓋特佛塞（René Maurice Gattefossé）首次提出。

由於雷內在研究室做化學實驗時發生爆炸，手被火嚴重燒傷。可是，他偶然發現，以薰衣草精油塗抹傷痕有治癒效果。一般認為，這就是芳香療法誕生的起源。

當然，芳香植物自古便用在醫療場合中。古代中國會使用香料，古埃及會用芳香植物來防止屍體腐敗，古羅馬則是用來入浴，人們利用各種來自植物的天然化合物，使用芳香療法的歷史相當長久。

比起所謂的「藥」（生藥與中藥），闡明芳香療法的科學起步較晚，但最近人們正開始一點一滴對芳香療法的功效與有效成分，做科學性的研究驗證。最具象徵性的是二〇〇九年二月，美國布朗大學的赫茲（Herz, RS）博士等人發表的調查報告。該報告以「芳香療法的真實與虛構」為題，有多達二十八頁的細心證論。

根據赫茲博士等人的謹慎調查，芳香療法的幾個功效，似乎有點像市井間不可思議的傳說。正因為歷經幾千年的去蕪存菁而留傳至今，以現代科學的觀點來看，有很多地方的確是「有效果」的。

發揮效果的機制大致可以分為二種：藥理作用與心理作用。所謂的藥理作用就是精油富含的化學成分能實際作用於身體，與一般藥物同樣發揮作用；所謂的心理作用，則是精油成分會對情緒或氣氛造成影響。一般的芳香療法與醫療藥物最大的不同是，心理作用比藥理作用來得強。

人類有五感，這五感是由看（視覺）、聽（聽覺）、聞（嗅覺）、嘗（味覺），以及肌膚感覺（觸覺）所組成的。這當中，尤以「嗅覺」最特殊。

以解剖學來說明，嗅覺以外的四種感覺在到達大腦皮質前，必須通過「丘腦」這個中繼點，而嗅覺的信息則不用經過丘腦，就能送到大腦皮質與「杏仁核」。

說得果斷些，「香味的刺激會直達大腦」，甚至連在睡眠中，嗅覺信息也會送到腦部。特別是「杏仁核」這個部位，與感情相關，非常重要，這或許正是芳香療法能提高心理效果的理由。

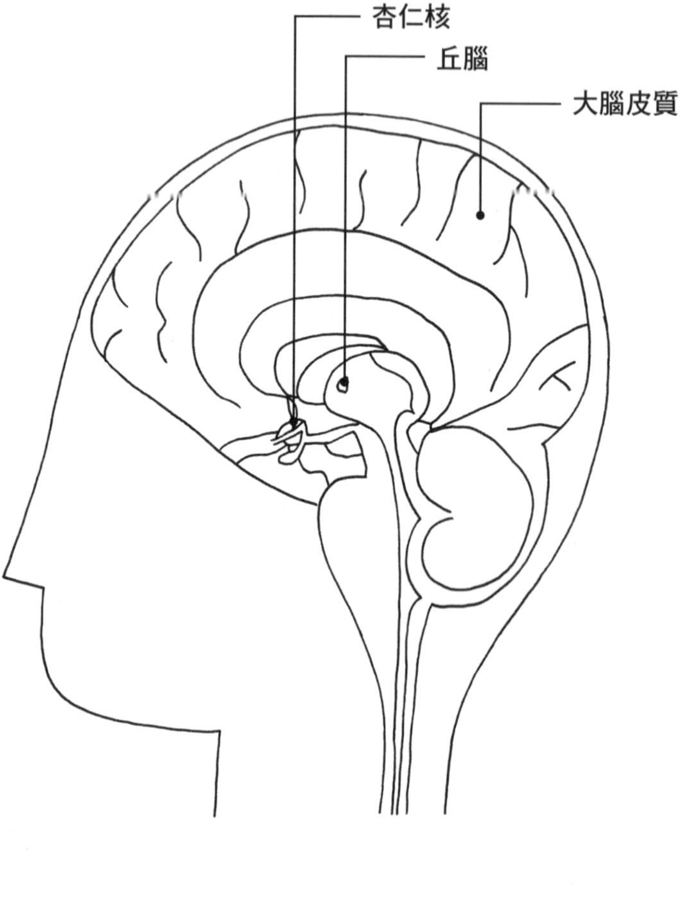

香味的刺激會直達大腦。

「看」「聽」「嘗」「皮膚感覺」→丘腦→大腦皮質
「聞」→大腦皮質、杏仁核

仔細查閱各種調查結果會發現，在芳香療法的心理效果上，女性會比男性更強。好幾個研究團隊在各自的研究中都獲得了相同的結論，因此這應該是可以確定的事實。芳香療法之所以深受女性支持，可能不只是女性比較愛打扮或是比較重視氣氛等單純原因，而是有其他因素造成性別差異。

聞到咖啡豆的香味時

雖然與赫茲博士等人的科學評論，和芳香療法的話題有點遠，不過接下來我要介紹一個有趣的實驗，是用烘焙過的咖啡豆。聞到咖啡豆的香味，人們就會變得很和善。進行這項實驗的是以色列理工學院的巴倫（Baron, RA）博士等人。

擠了許多顧客的大型購物中心中，只要瀰漫著烘焙過的咖啡豆或烤麵包香，就會使更多人願意替陌生人撿掉下的筆，或是愉快地幫人換錢，一直廣為人知，但巴倫博士等人以精心設計的實驗驗證了這點。

細節在此省略不談，總之，從此實驗可知，聞到咖啡豆這種感覺舒適的香味，就能對他人懷抱好印象，而且這種正面的感情，還會直接轉為「想幫助對方」的心理。

延續千年咖啡芳香的秘密

關於咖啡豆的香味，日本是產業技術綜合研究所的洛克威爾（Rakwal, R）博士等人提供了一項重要的數據。

這裡是用老鼠來做實驗。

實驗準備了正常的老鼠，以及連續二十四小時都沒睡覺的老鼠，讓這些老鼠聞咖啡豆的香味，然後仔細調查牠們腦中有哪種基因或蛋白質出現變化。

首先是在睡眠不足的老鼠腦中，發現有些基因減少了。因為這部分有很多專業術語，列舉具體名稱反而易生困擾，也就是說，在老鼠腦中，神經營養因子受體、糖皮質激素誘導受體、熱休克蛋白這些分子減少了。這些分子會回應壓力，保護腦細胞，作為維持神經元成長的促進因子，但會因為睡眠不足而減少。

實驗時，使用咖啡店烘焙的哥倫比亞產的阿拉比卡種，讓這些睡眠不足的老鼠聞咖啡豆的香味，並在飼養箱噴灑烘焙過的咖啡豆香味。發現一部分的基因恢復了。

雖然不知道老鼠是否意識到，「咖啡的芳香療法真是好極了，能夠消解睡眠不足而引起的疲勞與焦躁」，不過對老鼠來說，這種香味的心理效果並不明顯，這是神經科學界的常識。換句話說，在老鼠的腦部可以看到的影響，並非因為咖啡豆的香味而讓精神放鬆的效果，而很有可能是藥理性的影響。

通常咖啡引人注目處，是它所含有的咖啡因。但此實驗所示，即使不喝咖啡，香味所擁有的作用也不可忽視。

咖啡是原產於非洲的植物，人類飲用咖啡的時間已經超過了一千年。咖啡能受到人們如此長時間的愛好，必定是自從古時候起，人們就從經驗中得知咖啡芳香的秘密。

咖啡樹的花是白色的，有茉莉花般的香氣。

「照片提供／PHOTO AFLO」

咖啡的香氣中有秘密！

13

腦怪癖

愛念書

「輸出」比「輸入」更重要！

何謂更有效的念書方法？

念書時，複習教科書，不比解問題有效——有人發表了這方面的論文，就是美國普渡大學的卡匹克（Karpicke, JD）博士等人的研究。

「與其重複輸入，不如重複輸出，會更有利腦迴路的建立」卡匹克博士等人活用精心策畫的實驗設計發現了這個事實，實驗內容如下。

他聚集許多華盛頓大學的學生進行測驗，要求他們背四十個斯瓦希里語*的單字。

adahama＝名譽、farasi＝馬、sumu＝毒……這樣配對每個單字，並出示五秒，再要求他們

*註：為非洲所使用的語言之一，屬班圖語族。

將單字一個個記下來。可是，即便是著名大學的學生，也不可能一次就記住這四十個單字，只能重複好幾次以幫助記憶。這時，將學生們分成四組，請他們用不同方法將這些單字背起來。

第一組讓他們將這四十個單字作連貫學習，之後再以測驗來確認是否將這四十個單字都確實背下。直到讓學生們完整記住這些單字並通過考試，共重複了好幾次。

第二組是讓他們只複習測驗時想不起來的單字，不過，每次測驗都重覆會考所有的單字。直到測驗可以拿滿分，都會不斷重複學習與測驗。

第三組是相反的模式。如果有測驗時沒記住的單字，就請他們將所有的四十個單字從頭學習一遍。然後，只對沒記住的單字進行測驗。重複這個學習與測驗的方式，直到答錯的單字數為零為止。

第四組是學校或補習班常用的方法。只學習在測驗中想不起來的單字，再次測驗也只考沒記住的字。重複學習與測驗，直到不再有需要進行測驗的單字。

有趣的是，這四組的學習法會有速度上的差別。實際上，重複學習與測驗五、六次之後，所有人都能記住全部四十個單字。

於是卡匹克博士等人於一星期後再次進行測驗，那麼成績如何呢？第一與第二組拿到

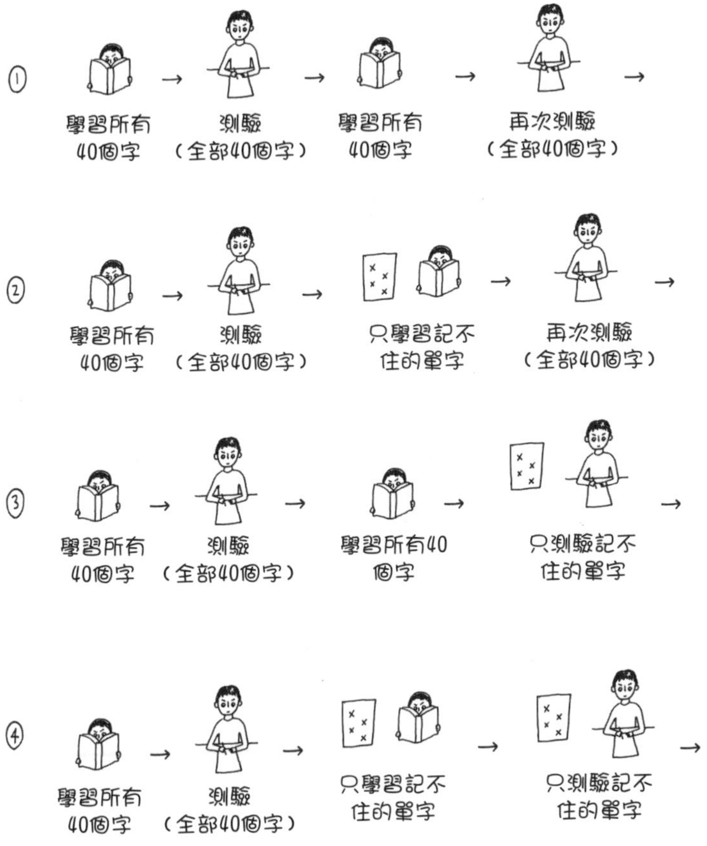

學習時，重複測驗比記憶更有效。

約八十分的好成績，第二與第四組則都只拿到約三十五分。

因為情況很複雜，就讓我們仔細地重新思考這些數據。

分數好的第一、二組都有共同的過程，一邊進行確認測驗，考所有四十個單字，一邊記憶單字。另一方面，觀察第三組會發現，其學習方式是每次記憶四十個單字，但在進行確認測驗時，也就是在做回憶的練習時，只針對不擅長的單字。

這樣就能看得非常清楚。比起塞進訊息多次（學習），我們的腦更適合重覆練習（答題），較能長時間穩定儲存訊息。對這點擴大解釋，就是「與其重複仔細閱讀參考書，不如重複練習問題集，更能獲得有效的學習成果」。

「輸出」要比「輸入」更重要——腦的設計就是如此。

「限制卡路里」有提升記憶力的效果

你知道「calores（限制卡路里）」這個詞嗎？這是calorie restriction的縮寫，大體說來，就是「控制卡路里的攝取，注意健康」。

抑制食量能夠降低脂肪或血糖值，所以對健康有益，又能減肥與節省餐費，可說是一石二鳥。可是，限制卡路里的話題，似乎比想像中的還要更深奧。

限制卡路里所表現出的顯著效果，是壽命的長短，而且往往能顯著延長壽命，從小蟲子到哺乳類，生物界幾乎都能普遍觀察到這個現象。長壽基因或胰島素相關的分子類，在科學上已證實具有長壽效果的機制。

至於限制多少的食量，不同研究者的意見各有不同，估計約為百分之二十～百分之三十。聽到這答案，應該有人會覺得，「既然只有百分之二十」，那我馬上就能實踐。我也試著挑戰過，不過事實上，要將一般的食量減少百分之二十，並且長期持續下去，比想像中還要痛苦。

提到這個話題，應該有人會聯想到日本人很長壽。在日本，無論男女，都是世界數一數二的長壽。理由之一就是，我們平時就有自覺，有著攝取蔬菜或魚類等低卡路里的用餐習慣。但我認為還有其他的主要原因，像是嚴格的衛生管理與高度的醫療技術，可是，還有一個不能忘記的重要主因。

就是體溫。包含日本人在內，亞洲人比起歐美人，平均體溫都要低〇・五℃以上。我們一般都知道，遺傳性體溫較低的生物，壽命會較長。體溫只要低〇・三～〇・五℃，以攝取同量的卡路里來說，雄性的壽命會延長百分之十二，雌性的壽命也會延長百分之二十。日本人的長壽應與體溫有關，不過，因為體溫低，所以比歐美人更怕冷。

回到限制卡路里的話題，德國明斯特大學的弗里奧（Floel, A）博士等人報告了一項頗有意思的實驗數據——限制卡路里不只能延長壽命，也有提高記憶力的效果。

弗里奧博士等人以平均年齡為六一歲的男女五十人進行實驗，受試者平均的BMI是二十八，在參加實驗的人中，有些是超過平均值的肥胖者。

首先將參加者分成三組，請第一組連續三個月，減少百分之三十的卡路里攝取。

第二組比平常多攝取百分之二十的不飽和脂肪酸。不飽和脂肪酸就是魚油或橄欖油中所富含「對健康有益」的脂肪成分，第二組的人可以攝取多含DHA與EPA等成分。

最後一組則進行平常的飲食生活。

三個月後，限制卡路里的第一組，體重減去約百分之二、三。這時，再對全體人員進行單字記憶測驗。結果，測驗的成績在限制卡路里組，提升約百分之三十。僅僅三個月的限制卡路里，就出現如此效果，實在驚人，這個數據也鼓勵人心。

至於攝取較多不飽和脂肪酸組，則沒出現減少或提升成績的現象。

此外，弗里奧博士等人舉出有關飲食生活健康地區的例子，只有在沖繩一處。刊載這篇論文的是國際雜誌《美國國家科學院院刊》。看到國際性的論文中有肯定沖繩的文章，真是令人高興。

比爾蓋茲的「Sensecam」

接著上述的話題，讓我來談談最近我有興趣的「Sensecam」。幾年前，美國微軟公司曾經發表 Sensecam 的實驗作品，因此或許有人知道這個東西。

這是一種掛在脖子上的數位相機，會自動記錄日常生活，就像視覺日記一樣。最近將之改良成小型輕量化並搭載廣角鏡頭，也配備紅外線感應器與可見光感應器，若眼前有誰走過，或是進出房間時，就會自動按快門。我們每天的行動經歷，如走訪的地點或見面的人等等，都會被拍下，每天會保存兩千張照片。像 Google glass 就是類似產品。

根據實際使用過的人表示，即使是半年前的事，只要看幾張照片，就會宛如再次體驗，可以不斷回憶起鮮明的記憶。

這個裝置引人注目的理由，並非只在商業或娛樂上，而是可以期待應用於失智症的治療。第一次應用在臨床上的，是英國阿登布魯克醫院的研究團隊。二〇〇九年，他們報導了運用 Sensecam 治療的試驗成果，有的患者原本是幾天前記憶都會忘記的，卻成功地保有了幾個月的記憶所以即使試驗期間結束，還有患者提出希望能繼續使用。

比爾蓋茲看上 Sensecam 的可能性，因此捐給好幾個研究團隊經費，用來發給記憶障礙患者 Sensecam 相機。

14

腦怪癖

紅色警戒

讓對方畏懼的卑鄙顏色？

熱咖啡比冰咖啡更有親切感

溫暖的人、冷淡的人——這真是有趣的形容。用「溫暖」「冷淡」這種溫度來比喻人格，是世界上共通可見的用法。以英語來說，可以用「warm」「cold」「cool」等來形容人的性格。

當然，人格並沒有物理性的冷暖，但認知語言學家表示，這是「將對方的內在印象具體化的有效手段」。

這種譬喻的表現，廣義而言是源於近似聯想的感性。我們知道，黑猩猩會結合「高音與亮音」、「低音與暗音」的聯想，可見不只有人類在演化中保存了非語言的感覺。

喝熱咖啡的人很溫暖！

美國科羅拉多大學的威廉（Williams, LE）博士等人，進行了很奇特的研究。溫度實際上會影響精神狀態嗎——實驗就是在測試這種想法。

博士在電梯裡進行實驗：「我想寫一下筆記，可以請你幫我拿這杯咖啡嗎？」這時準備熱咖啡或冰咖啡，並比較對方的反應。

實驗結束後，詢問拿咖啡的人對委託人的個性印象如何。結果顯示，拿熱咖啡的人會給予「溫和又有親近感」的高評價。

或許你會覺得「好單純啊！」可是，如同實驗心理學顯示，初次約會時，晴天會比雨天更容易給對方留下好印象。因此對人的印象，除了感覺，還會受環境因素的影響。

天候並不是我們所能控制的，但如果是會客室裡招待客人的咖啡，就是我們可以注意的，像這些就是可以多留心的小訣竅。

運動成績用紅色表示，會提高勝率？

不只是溫度，顏色同樣會給我們的心理帶來很大的影響。接著就來介紹最近科學界所發表關於顏色的研究。

你知道，在拳擊比賽中，站在紅角的選手，比藍角*的獲勝率高。理由很單純，一般紅角是比藍角強，像是衛冕者或較有經驗者所站的位置。再依入場的順序來說，紅角選手由於較遲進場，入場時的粉絲聲援與會場的氣氛，會延續到比賽開始，所以自然會比較有利。

英國德倫大學的希爾（Hill, RA）博士等人，徹底統計奧運比賽中的拳擊與摔角比賽後發現，紅方還是比藍方高出約百分之十～百分之二十的勝率。奧運選手站紅方或藍方是隨機分配，入場則是同時，勝率卻還是有差距。似乎只要穿上紅色的制服或護具，就會提高致勝的機會。

同樣的現象也出現在柔道中，白護胸與藍護胸的勝率不同，穿藍色護具的選手獲勝機率會比較高。

電腦螢幕的邊框用紅色，工作效率會降低

顏色對我們的心理狀態會帶來某些影響。既然如此，我們當然會在意念書或工作時顏色所帶來的效果。

除了運動成績，顏色會影響學習成績或與智力有關的工作。美國羅徹斯特大學的心理

*註：在拳擊臺的四個角落中，會設立兩個中立角，分別是紅角和藍角。

學家艾略特（Elliot, AJ）博士等人，就從各方面對此進行了研究。

譬如IQ測驗。問題內容相同，題本的封面則使用白色、紅色、綠色等不同顏色，在這樣的情況下，測出來的IQ成績會有何不同呢？此外，若將「易位構詞測驗」（改變文字的排列順序，再組合出有意義的單字測驗）的考卷，右上端一～二公分角落部分的標記色，換成黑色、紅色、綠色，對分數又有什麼樣的影響？

有很多人會依據剛才的拳擊例子來猜測，紅色會獲得最高分。可是實際得到的結果正好相反，紅色的分數最低，且令人驚訝地比平均低約百分之二十，但白色與綠色、黑色與綠色，則幾乎沒有分數差距。

類似的數據還有日本名古屋大學的八田武志博士等人，他們發現電腦的螢幕邊框使用紅色會降低工作效率。

這種紅色的效果該如何解釋呢？我們可以思考各種的可能性。譬如加拿大亞伯達大學的辛克萊（Sinclair, R〔〕）博士等人就這麼表示：紅色或黃色等長波長的光與「幸福感」有關，幸福感是一種滿足感，滿足會降低認知功能，人類的確有滿足後就不再想要往前更進一步的傾向。

「念書的房間禁用紅色窗簾」

各種說法當中，最富啟發性的，是曾經出現過的艾略特博士等人，所進行的另一個實驗。在IQ測驗中準備「簡單的問題」與「困難的問題」，請受試者選擇其中之一來作答。結果，紅色組較傾向選擇簡單問題的機率。

看來，紅色似乎會使人喪失志氣。希爾博士等人推測：「紅色可能會在無意識中威嚇對方，製造容易建立優勢的局面」，或許可以解釋理解拳擊的勝負數據。因為穿上紅色護具或手套，看到紅色的人，不是自己而是對方。

換句話說，紅色不是「充滿力量的幸運色」，而是讓對方在精神上產生畏懼，相對可占上風的「卑鄙顏色」。

我們常會聽到一種說法，念書的房間禁用紅色窗簾，看來這種經驗法則並非沒有根據的市井傳言。

可是，加拿大英屬哥倫比亞大學的朱（Zhu, RJ）博士等人，最近也提出研究報告，他們認為，不該一味將紅色視為負面顏色。

根據實驗結果，要找出文章中的錯誤，以及了解說明書的重要事項時，使用紅色更能提升效果。

根據博士等人的意見，紅色會產生心理回避的傾向，或是讓人提高警戒心；相對地，藍色則有促進積極與冷靜的傾向。因此，在要求高度注意力的情況，使用紅色會比較適合；而思考新設計、做腦力激盪這些要求創造性的情況，則是使用藍色才可以獲得較好的成績。

的確，全世界都使用紅色來作為警告色，像是紅墨水或紅燈等等。另一方面，藍色則代表天空或海洋的顏色，是和平與透明的象徵。

15

腦怪癖

聽辨力強

音樂與空間能力令人意外的關係

日本人無法辨識「R與L」的原因

查閱有關聽覺神經迴路的一些舊文獻時，我看到一篇頗有意思的文章，其中寫到：「許多日本人無法區別R與L的發音，是很好的例子」——這篇評論並非寫給日本人看的，作者也不是日本人。也就是說，日本人的R與L發音發不好，已經是世界知名，可以用來當作「一般的例子」。

為什麼日本人無法聽辨R與L呢？理由很單純，因為日語中沒有相當於R與L的發音。換句話說，由於在日本人的日常生活中不需要辨識R與L，進而使得辨識能力逐步退化，最後同化為日語的「ラ（la）行」。這種外語特有的音韻被母語發音「吞沒」的現象，就稱為「認知磁鐵效應」。依大腦活動的測定數據顯示，腦對母語的音韻反應較強，因而確認認知磁鐵效應。

譬如以韓語為母語的人，不擅長發「Z」的音，會發成「J」，這現象發生的原因，與日本人分不清R與L是一樣的。

新生兒會分辨母語與外語

我所關注的問題點是，在人的成長過程中，何時會產生認知磁鐵效應？有以下這樣的實驗結果：讓出生後六個月的嬰兒，聽辨母語的演說，以及外語的演說，並加以比較，發現嬰兒會把頭轉向母語的音源。換句話說，僅僅六個月，人類就能分辯母語與外語，並展現對母語的興趣。

這樣的辨別並非只見於對聲音的反應。譬如我們即使不聽聲音，也可以從臉的表情或嘴形動作，判別母語。根據實驗顯示，四個月大的嬰兒比較愛看講母語者的臉。

最近的實驗更顯示出驚人的結果。調查出生後兩天～五天的新生兒腦部，可以發現，他們聽母語與外語時，左腦反應不同。原本有人主張，胎兒在子宮裡的心音或血流音等噪音很大，所以胎兒是聽不見的。不過，既然嬰孩在出生後第二天就已經能聽辯母語，表示胎兒在出生前，就在媽媽的肚子裡一直聽著母語，這樣的說法好像比較自然。

總之，在日本出生的孩子，隨著成長而漸漸無法辨識R與L，造成幾乎喪失了判別能力。因此，日本人在長大成人後，要完美地學會英語的發音就更困難了。

通曉「片假名英語」的建議

實際上，有日本語言學家在九歲以後赴美，雖持續過著只說英語的生活三十年，還是改不掉帶有日語的口音。無論如何苦練，也無法成為道地的雙語使用者。更何況像我這樣，十三歲才開始學英語，對想要發出正確的發音更是感到絕望，因為無論如何，都會變成「片假名英語」。

不過，用片假名來發英文音也並非完全不通用。只要下點功夫去分配假名，意外地竟可以通用。深入的說明因為超過本書範圍，所以有興趣的人請參閱拙著《令人害怕的通用片假名英語的法則》。

對日本人來說，沒必要裝腔作勢用英語風格說話。加上一點重音，以片假名發音，日本人也能很輕鬆地說英語。

當然，這並非完美的英語。可是在「方便溝通」的這層意義上，可以說很實用。像這樣用片假名代替英文是有規則的。對於不擅長英語的我而言，這個訣竅給我很大的幫助。

音痴對空間的處理能力很低？

我的興趣是古典音樂。但只是鑑賞音樂，對演奏樂器或唱歌則很不在行。但是，只要有關於音樂、演奏或音感的腦科學論文發表，我就會十分關注。

我曾看過一篇關於「音痴」的有趣論文，這是紐西蘭奧塔哥大學的比爾基（Bilkey, DK）博士等人的報告。

音痴的人口數約占總人口數的百分之四，可見是頗為普遍的「症狀」。在這部分，遺傳對此有很大的影響，在年輕時就不善於判斷旋律或音程的人，大抵上這種症狀會持續一輩子。

音痴並非感官功能不全，他們的耳朵功能正常，檢查腦部的大腦皮質「聽覺區」，也沒發現特別的異常。換句話說，在腦內的聲音有經過正常處理。

即使是音痴，也會在對話中些微調節語尾的音調，而能夠分出日語「已經結束了。（斷定形）」與「已經結束了？（疑問形）」的微妙差異。從這種情形看來，即使是相同的發音，唱歌與說話時所使用的是完全不同的能力。

那麼究竟是腦的什麼地方有不同呢？根據比爾基博士等人的數據，音痴者對空間的處理能力較低。

這是透過「智力旋轉」的簡單測驗所得到的確認。此測驗是將放映在螢幕的物體立體旋轉後，給受試者選擇，受試者要讓立體圖形在號腦中轉圈圈，猜測此圖形與其他哪個圖形是一致的。結果，音痴者的答對率，不到一般人的一半。

這真的很不可思議。但，音程的感覺與掌握空間的能力，到底有什麼樣的關係呢？現階段只能說是個謎，但英國倫敦大學的巴特沃斯（Butterworth, B）博士等人指出，「音階本來就是空間的表現」。的確，在五線譜上，越上面的音符越高音，在鍵盤上越往右走越高音。巴特沃斯博士研究指出，「數學知覺與音樂知覺都同樣需要關於演奏運動的空間表現」。也許，處理旋律音程構造的腦迴路，與立體圖形是一樣的。

以男女不同性別來說，根據大規模嚴謹調查的結果，一般是男性比女性擁有較優秀的空間掌握能力。空間掌握能力與音程感覺有關，也就是說，女性音痴所佔比例較高。比爾基博士等人的論文也有同樣結論，雖然樣本數很少，不見得準確，但被判定為音痴的人，有半數以上是女性。在音樂教育方面，我是個完全的門外漢，但卻對這樣的事實感到驚訝。

若讓立體圖形在腦中轉圈圈……

管弦樂團團員的空間能力

這裡令人在意的是，「若受過音樂訓練，會不會提高空間能力？」或者是另一個疑問：「音痴可以治得好嗎？」英國利物浦大學的史拉明（Sluming, V）博士等人，提出了「管弦樂團團員們的空間能力很高」的報告。一般人在面對旋轉角度較大的立體圖形，需要一些時間才能在腦海中浮現形象，但樂團團員立刻就能產生立體形象。

有句話說，學習音樂越久的人，成績越好，因此或許我們甚至可以期待，空間能力或音程知覺是能夠鍛鍊的。說不定有一天這樣的時代會來臨：音樂超越娛樂的範圍，而被應用為訓練大腦的一環。當然，音感優秀的人，有可能可以藉此專業訓練而成為音樂家……。

16

腦怪癖

好幸福

上了年紀就會覺得更幸福！

幸福感隨著年齡如何變化？

雖是美國的調查結果，但我覺得一定要來介紹一下。此為美國石溪大學的斯通（Stone, AA）博士等人發表的論文。

此論文訪問了三十五萬名美國國民，評估他們的幸福感隨著年齡增長，而產生怎樣的變化。問題涉及多方面，從家族結構與職業到人生觀，每個月訪問兩萬人，歷時一年，是大規模的統計調查。

根據分析結果，對人生感到幸福的程度，可以畫出一條U字曲線。換句話說，二十歲以前的高度幸福感，在二十幾歲時會突然下降，到四十幾歲至五十五歲左右為最低迷期，然後，過了這個時期，幸福感就會開始恢復，一直到調查範圍的最高齡八十五歲，會呈現緩慢上升的情況，幸福的頂峰是老年期。會出現這個這個傾向是因為，這時期幾乎不受孩子或配偶等生活環境因子的影響，大致上算是普遍的變化。

正值壯年的上班族，往往要承受各種壓力，因而容易失去自我。可是，只要忍耐一定的時期，等在前方的就是未來幸福的時刻。

此外，斯通博士等人也分析了負面情感的相關事務。緊張和不安以及憤怒的感情，在年輕時最強烈，但會隨著年齡增加而慢慢減少。另一方面，悲傷的強度則無論在任何年齡時都幾乎是固定的。女性的感情波動有較大的傾向，但這個男女差異的程度，在統計學上是可以被忽略的。

觀察這樣的數據，令我聯想到《論語》：「四十而不惑，五十而知天命，六十而耳順」。

隨著年紀增長，人的心境會產生變化。一般而言，心靈會變平靜，也習得生活的智慧。可以冷靜應對重要的局面，萌生對於生活的感謝之心。

雖然如此，我們仍須注意「老年憂鬱症」。以全體的趨勢而言，人類的心靈的確會隨著年齡增加而變平靜，但是很意外地也有個不為人知的盲點，那就是老年人的憂鬱症。其實很多老人都有憂鬱症。

憂鬱症、躁鬱症病患，有四成是六十歲以上的年長者，這只是接受治療的病患人數。實際上有人指出，在日本，還有一百萬名老年人未被計入。

老年憂鬱症常會被人忽略的原因，是由於它與失智症難以區別。記憶力和集中力的降低，是老年憂鬱症的典型症狀。許多被認為是罹患失智症的人，很有可能是罹患了憂鬱症。當然，必須注意的是，若用失智症的療法來治療憂鬱症，患者是不會康復的。

上了年紀到退休年齡，情況快速改變，或是孩子獨立，或是配偶先走一步，因此，變得更在意自己的健康狀態。可是，這種精神上的變化和社會性變化，並不一定就是罹患憂鬱症的原因。

比起年輕人的憂鬱症，老年憂鬱症有較高的比率，可以用藥物治好。因此，我認為與其說是心境的變化，不如說有較高的可能性是因為生物學的變化。這是神經傳導物質減少的生理性變化。

失智症與憂鬱症的差別，重點在於，失智症是以年為單位緩慢發展，而老年憂鬱症的進展則很快速。如果幾個月內病況惡化迅速，就可以懷疑是老年憂鬱症。

隨著年齡變化的負偏差

腦的活動模式，會隨年齡增加產生怎樣的變化?近幾年很流行這種研究。首先，讓我從美國科羅拉多大學的伍德（Wood, S）博士等人的研究開始介紹。他們用腦波計測量二十歲左右年輕人，與五十五歲以上年長者，看到各種圖像的反應。實驗所用圖像大致分為三種：「看起來很好吃的巧克力冰淇淋」「美麗的夕陽」等，會引起正面感情的照片，「椅子」「叉子」等中性的照片，還有「死在路邊的貓」「遇到意外的車子」等會引起人負面感情的照片。

雖然不管哪種照片對腦都會誘導出某種反應，但是年輕人對負面的照片卻出現有強烈反應的傾向。伍德博士稱此為「負偏差」，認為這是反映厭惡感或動搖的表現。另一方面，在年長者身上，無論對正面還是負面照片的反應程度都一樣，並沒有負偏差，這應該是因為他們對不愉快的狀況並未心生動搖之故。

科羅拉多大學的基斯雷（Kisley, MA）博士等人，詳細地調查了這個現象，受試者的年齡甚至相差達八十年，實驗結果確認，隨著年齡的增加，負偏差會逐漸減少。同時這實驗也說明，「年長者的感情較為健全，但若有失去伴侶，或罹患重病經驗，負偏差的傾向就越弱」。

而美國史丹佛大學的馬瑟（Mather, M）博士等人，則將研究焦點放在「杏仁核」的腦部位。杏仁核是掌管感情的地方，一般認為它與恐怖或不安的負面感情更具相關性。可是，年長者的杏仁核，反而是在看正面照片時會出現較強的活動。換句話說，年長者的杏仁核會產生愉快的感覺。

負面感會逐漸減少

有一個頗有意思的數據報告，是美國史丹佛大學拉金（Larkin, GR）博士等人的論文，他們調查了人們玩金錢遊戲時的大腦反應。當實驗對象有預感「快要虧損」，年輕人的大腦就會出現較強的反應。金額越多，反應就越強。

相反的，快要賺錢時，年輕人與年長者的反應就沒差別。換句話說，年長者對於虧損並不太執著。但是，實際上造成虧損時的反應，無論年輕人或年長者都幾乎相同，由此可知，對於損失本身的厭惡感，並不會隨年齡增長而減少。只是，年紀越大，想回避過度虧損的想法則會逐漸消失。

基斯雷博士說：「隨著年齡增加，負面感就會減少，這個實驗結果，乍看之下雖是

『值得高興的消息』，但在風險管理能力的意義，我們應該對這結果感到高興嗎」。考慮到老年人容易因詐欺受害，博士等人所言是有道理的。

雖這麼說，但我們仍不能忽略一項事實，那就是大腦上了年紀，就會感到幸福。不論身邊的人說什麼，只要當事人感到幸福，就是最棒的，不是嗎？中國有句諺語是：「不怕人老，只怕心老」。我的願望是，希望到老都能夠開開心心的。

17

腦怪癖

會上癮

「嗜好」是在不知不覺中形成的

威士忌會造成嚴重宿醉？

在五月祭這個日本東京大學的傳統學園祭中，曾有一位藥學系三年級學生發表過「哪種酒容易醉」的奇特研究。這是近二十年前的故事，雖是小規模的實驗，然而以喝了酒就會嘔吐的珍奇動物錢鼠來做實驗，卻是革命性的想法。

我到現在還清楚記得當時的實驗數據。在攝取同量酒精的前提之下，比起燒酒或伏特加，威士忌在喝醉後會比較難受，這是他們做出的結論。據學生推測，「可能是糖分的含量，決定了酒醉的程度」。

社會上流傳著類似市井傳聞的說法：「威士忌或波本威士忌，比無色的酒，會讓人宿醉得更厲害」，應該是經驗法則。

別驚訝，到了最近，這個見解已經有確實的科學實驗證明。進行實驗的是美國密西根大學的羅斯瑙（Rohsenow, DJ）博士等人。

實驗聚集了二十一到三十五歲共九十五人，請他們喝伏特加或波本威士忌直到酩酊大醉，因而確認波本威士忌會引起較強烈的宿醉。波本威士忌在酒精發酵的過程中產生的副產物，竟是伏特加的三十七倍。根據羅斯瑙博士的研究，這種化合物或許是令人宿醉難過的主要原因。

攝取酒精的腦機制

有一次，我向善用時間的學長請教「如

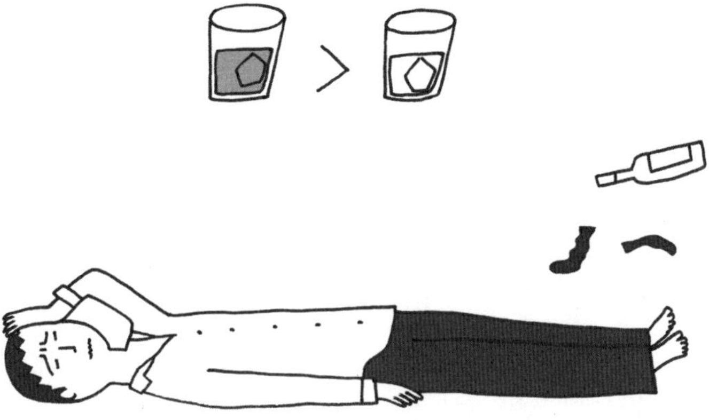

深色的酒會造成較嚴重的宿醉

何才能有效率地運用時間」，他回答：「很簡單，只要戒酒就行了。」

雖然我覺得他說的沒錯，可是我還是很喜歡酒，酒對我有無法抗拒的魅力。雖然我的酒量不是很好，幾乎每天都會少量飲酒。一點一點地喝酒，並一邊寫科學論文，這對我來說，是很重要的夜晚享受。

根據二〇〇四年美國的資料顯示，在日常生活中，造成死亡率升高的主要原因，排名繼抽煙、肥胖之後，酒是第三名。儘管如此，人們還是喜歡酒。酒能帶來幸福感、消除緊張，並透過減少壓力或不安，帶來所謂的「去抑效應*」。

這時的腦機制會變得如何？

有個以MRI測量人們在攝取酒精時腦部反應的實驗，這是美國國家衛生研究院的吉爾曼（Gilman, JM）博士等人的研究。

他們檢視了平均年齡為二六・五歲的十二名男女，實驗方法為在靜脈內注射酒精，而不是讓受試者喝酒，這是實驗的一大重點。一般人喝酒主要是享受，但會因個人嗜好差異而不適合進行實驗。因此，想知道腦對酒精這個化學物質的真正反應，還是以打針的方式來進行比較適合。

在注射酒精後，出現明顯反應的腦部位之一是「紋狀體」。這一帶是產生快感的腦部位，被稱為「獎賞系統」。因此可知，酒精所帶給人的感覺就是「快樂」。

一般來說，酒給人的印象是，「喝醉後能帶來麻痺感」的上癮物，所以或許很難讓人覺得它會帶來「快樂」。而且即使「喝酒」很快樂，那也是因為用舌頭品嘗「美味的酒」，若是注射酒精，那就另當別論了。

可是酒精這個化學物質，卻會活化腦的獎賞系統，帶來幸福感進而引發慣性。以這層意義來說，酒精也符合「Koob學說」（「所有的濫用藥物都會活化紋狀體」的假說）。

在這個實驗中，重要的是，看不出「酒醉」這個自覺的強度，與血液中的酒精濃度有何相關。因酒精而引起的大腦活動強度，與血液中的酒精濃度，並沒有相關。

換句話說，酒精的攝取量和代謝速度，與自覺酒醉程度不太有直接關係。與「酒醉」這個感覺有關的，反倒是紋狀體本身的活動強度。

為什麼喝酒會有「變大的感覺」？

接著，吉爾曼博士他們展開了更進一步的實驗，讓受試者看人臉的表情照片。通常，人們看到「因恐懼而發抖的表情」，就會感到不安，因為不安是會傳染的。而一般知道，

*註：指人們從規則、限制中解放自我，並更肆無忌憚、開放地表達自己。

當我們看到「因恐懼而害怕的臉」，「杏仁核」或「扣帶皮質」等有關不安情緒的腦部位就會活性化。

然而，根據吉爾曼博士的實驗，即使讓注射酒精的人看「因恐懼而害怕的臉」照片，他們的腦並不會產生強烈的不安反應，這應該是因為這時他們無法正確地理解恐懼。

如果有人在喝酒時，體會過那種「變大的感覺」或「大膽的興奮感」，肯定能理解這個報告。

以上的所有數據，畢竟還是調查「酒精」藥理效果的實驗。實際上，我們都有各自「喜好的酒」，譬如我喜歡葡萄酒和啤酒，在這層意義上，酒所造成的影響就不單是「血液中的酒精濃度上升」所能說明的。

在現實世界中，酒肯定會產生遠比實驗室中更複雜的腦反應。話說現代人甚至會特意製作「類似酒的無酒精飲料」，還真是很奇怪呢。

酒精中毒的父母，會生出酒精中毒的小孩

在這裡要介紹與酒的「喜好」有關的可怕實驗數據，這是美國紐約州立大學的楊傑特伯（Youngentob, SL）博士等人的研究。關於我們的喜好是如何形成的，他提出了許多意

見。

你聽過嗎？如果懷孕期間喝酒，生下來的孩子將來容易酒精中毒？要驗證這數據很困難，因而無法得到確定的結論。

但是楊傑特伯博士等人的研究，則以動物實驗得到證明。博士等人讓老鼠在懷孕後期連續喝十天酒，再調查生下的小老鼠對酒精的嗜好。結果，比起一般老鼠，喝過酒的母鼠生下的小老鼠，能喝更多的酒。

進一步探討後可以明白，其實並非小老鼠對酒的喜好度上升，而是牠對酒的厭惡度降低，因此增加了對酒精的攝取量。

我自己也在年輕時，曾對酒精有過不愉快的記憶。當時我只要一聞到氣味，就能馬上辨別出是酒精飲料還是非酒精飲料。但現在，我卻不討厭酒味，感覺就像麻痺了般。

以生物學的結構而言，酒本來就不是會令人感到愉快的東西，是我們通過學習與克服經驗，才會染上的嗜好與習性。剛才的老鼠實驗所證明的，就是在懷孕期暴露於酒精環境下，會降低對酒臭味的防衛本能。

「只是覺得」背後的原因

這個實驗的意味，其實遠超越酒的表面趣味，逼近了我們「喜好」的本質。這個結論意味著，「嗜好與習性會在本人不知不覺中塑造完成」。

關於這種不自覺的「喜好」，有人類實驗而得出的數據。

譬如，把白色兔子絨毛玩具放在嬰兒旁邊，因為腦有親近生命（喜歡生物）的性質，所以嬰兒不用人教，自然就會對絨毛玩具感到好奇而靠近。

在嬰兒靠近絨毛玩具的瞬間，大聲敲響銅鑼。嬰兒會因為討厭突如其來的巨大聲響，而嚇到哭出來。重複這個動作幾次，嬰

好惡理由，藏在意想不到的地方！

兒就會停止靠近白色兔子絨毛玩具。這現象就被稱為「條件制約」。

這個實驗甚有深意，也就是產生了「類化」。譬如，這個嬰兒從此之後，不僅會討厭兔子絨毛玩具，也會討厭類似的東西。真的白兔和白老鼠就不用說了，他甚至會討厭所有白色的東西。例如白衣護士、白鬍子的聖誕老人等等。

這個嬰兒長大後，或許會因為這個實驗而討厭白色的東西。可是他本人並不明白好惡的理由，畢竟這是在他懂事以前的經驗。只是，他會陷入總覺得在生理上感到厭惡的狀態中。

我們的嗜好會透過類化而被塑造成形，我認為，這些嗜好有許多都是在無意識中，又或者是基於誤解而形成的。我甚至覺得，在無意識下塑造成型，感覺「雖然理由不明」或「只是覺得」等生理好惡習性，其實佔據了人格或性格的絕大部分。

「只是覺得」喜歡／討厭……為人格或個性帶來的影響是？

18

腦怪癖

重營養

對腦有益的食物是什麼？

吃維他命能減少犯罪？

吃維他命能減少犯罪——這句話不免讓人覺得哪裡很奇怪，令人難以立刻信服。然而，這在科學上卻得到了證實。關於這件事，以前曾在《Science》雜誌上有過橫跨三頁篇幅的專刊詳細報導。由英國牛津大學的蓋希（Bernard Gesch）博士引領這個領域的研究。

雖然對研究營養學的專業人士感到抱歉，但過去的營養學論文，比起所謂的基礎科學實驗，由於樣品數不足與不恰當的對照實驗等原因，許多實驗設計的精確度很低，無法得到確定的結論。許多營養物質的有效性，有很多後來發現其實是無效的。這種不恰當的研究方式累積起來，結果使得現在營養學這門學問本身，在學術上受到了不當的對待。

美國俄亥俄州立大學的阿諾（Eugene Arnold）博士等人也慨嘆：「即使是正派的研究者，只要以營養學為專業，就會被協會貼上『有罪』的標籤」。

蓋希博士等人為了與這樣的偏見搏鬥，準備了仔細又謹慎的實驗設計。他的關注對象是服役中的囚犯，委託英國的某個監獄合作實驗，得到二三一名願意參加實驗的人。

由專職的精神科醫生，為每位實驗參加者做檢查，同時謹慎地將每個人的號碼所對應的藥丸親手交給囚犯。這些藥丸是營養補充品，這些營養補充品交給一半的受試者，剩下一半的受試者則是外表一模一樣，但不含營養素的假藥丸，也就是所謂的「安慰劑」。

即使是安慰劑，只要意識到「吃下了」也能帶來效果。因此，給予受試者的營養素是不是真的有效，就需要評估「比起安慰劑的效果強多少」來做判斷。

蓋許博士等人更謹慎的做法是，連給藥的精神科醫生，都不知道哪個是真的營養補充品，哪個是安慰劑。因為如果參加者直覺敏銳，或許就會從精神科醫生的表情或動作中，推測出藥丸是真貨或冒牌貨。

於是，他們委託獨立於實驗計畫成員的外部組織來分發藥物，而且請他們不要告訴實驗相關人員藥物的真假。這種實驗方式被稱為「雙盲測試」，運用這種實驗設計可以獲得較值得信賴的數據。

這個謹慎的實驗持續了二年。由於現代的獄所可以透過電腦來管理囚犯的行動，因而每個人都受到了監視。從這個實驗可以得知，吃了營養補充品的人，比起吃安慰劑的人，在暴力行動上，約減少了百分之三十五。

那麼，究竟是營養補充品中的哪種營養素發揮了作用呢？要回答這個問題很困難。雖然維生素B或Omega-3 脂肪酸等甚受關注，但現實中無法憑營養素的數量，去找出特定的因果關係，以建構出對應的假設。反倒是蓋希博士等人所著的論文中有提到，「營養補充品並非像藥物為特定成分的化合物，營養素的整體平衡更為重要」。

而此實驗的對象是囚犯。接下來的疑

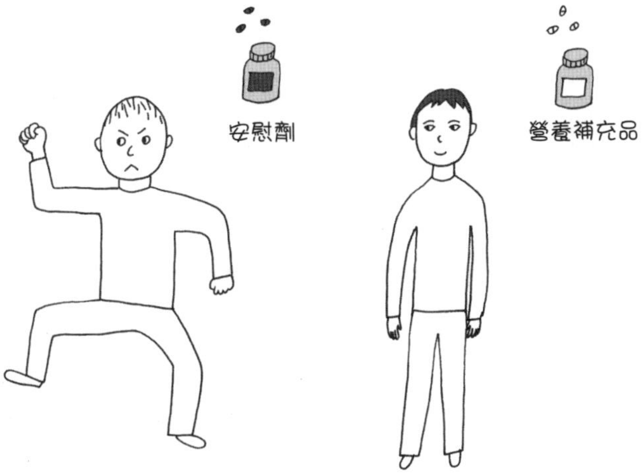

吃了營養補充品，個性會比較溫和？

問，就是營養補充品對一般人也有效嗎？很遺憾的是，關於這點並沒有仔細調查過的研究，所以答案並不清楚。如果營養補充品對囚犯以外的人也有效果，在面對家庭暴力或班級霸凌，就能期待有新方法可以做預防了。

胃腸的情況與腦的狀態有關？

兩次獲得諾貝爾獎，被稱為「現代化學之父」的鮑林（Linus Carl Pauling）博士，在一九六〇年代就已經發明「分子矯正學」這個詞彙，這是使用最適合的分子環境來進行精神治療的想法。

這個想法，對現代人來說，我想是相當熟悉的。譬如我們經常會被問到，「有沒有對頭腦有益的食物？」不過如果換成鮑林博士的說法，就會變成，「可以用分子來矯正腦嗎」。

由於我自己對這個很感興趣，平常就會閱讀相關的論文。

老實說，現階段一定有「對腦有益的營養素」，然而要提出證明卻很困難（即使有證據，大部分也是動物實驗的層次），因此我覺得很難斷定。

所以，當被人問到「對腦有益的食物」，即使我在心中覺得不好回答，仍會蒙混地說：「如果有那種魔法般的食物，我第一個就吃了，可是很遺憾地，你看我的樣子。」

我想到一則值得信任的消息，那就是二〇〇八年發表在科學專業雜誌，題名為〈brain food〉（大腦食物）的報導。這是加州大學洛杉磯分校的高梅茲．平尼拉（Gomez-Pinilla）博士等人的著作，在總論中，就歸納了有關「營養為大腦功能所帶來的影響」的最新見解。以下，就讓我來介紹這個總論。

先不從「食物」本身，而是從週邊、我認為更重要的方面開始談起。

首先，我想先談胃、腸等消化器官，與腦有密切關係，這是很重要的關鍵。

譬如，消化器官分泌的賀爾蒙，會隨著血流到達腦部，為腦神經運作帶來影響大家都知道控制食欲的部分，甚至連清醒狀態或記憶力，大腦都會受到腸胃的支配。

因此，要討論食物的營養成分之前，應該要先理解，腸胃的情況本來就與腦的狀態有關。或許是因為近幾年「腦風潮」的後遺症，腦的健康總能引人注目，但實際上，只注意大腦是很片面的，應該要讓內臟等全身器官都均衡地發揮功用，才能維持腦的健康。

健全的精神來自健康的腸胃

直接表現這個「腸胃影響大腦」概念的例子，就是在憂鬱症的治療法中，有一種以消

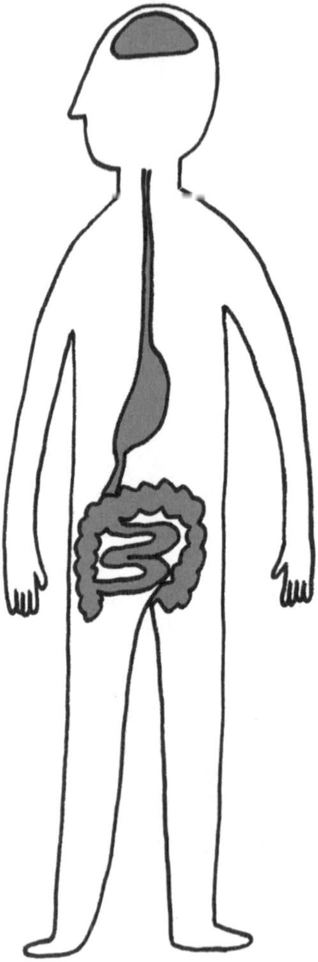

消化器官與腦有密切的關係？

化器官為治療標的的方法。或許這很令人訝異，但這個治療法於二〇〇五年時得到美國食品藥物管理局（ＦＤＡ）的認可，是有政府機關掛保證的。

以電力刺激消化器官系統的神經纖維，一般稱為「迷走神經刺激法（ＶＴＳ）」。雖然出現治療效果的患者並不多，只有百分之十五左右，不過繼續做一年的ＶＴＳ後，憂鬱症藥物的治療效果就會變得更有效。

根據一部分的報告，ＶＴＳ不僅可以治療憂鬱症，還能提升記憶能力，也有改善癲癇症狀的效果。

我所屬的研究室也進行過ＶＴＳ的實驗，ＶＴＳ確實會使大腦的活動起變化。只是直到現在，我們還是不太明白，究竟是什麼機制會讓ＶＴＳ產生效果。但至少可以確定的是，進行ＶＴＳ，在「海馬迴」部分就會增加ＢＤＮＦ和ＦＧＦ；而「額葉」則會增加正腎上腺素等，對大腦來說很重要的物質。

看到這樣的數據，就能充分理解，何以「消化器官的狀態會給心情帶來影響」。當然，只憑這個證據就斷言「憂鬱症的原因出在胃腸」是不對的，倒是可以換個角度說，「健全的精神來自健康的腸胃」。

正因如此，在平常生活中，就要養成注意腸胃健康的習慣，這對大腦來說應該也是同樣重要的事。

提升腦功能的「二十二碳六烯酸（ＤＨＡ）」

這裡要來說明關於「吃進去營養素的好壞」。

維生素、礦物質、脂質、醣類、蛋白質等，人類需要許多營養。在這麼多的營養素中，只要有提高腦表現效果的食物，大多都被指出含有「Omega-3 不飽和脂肪酸」。Omega-3 不飽和脂肪酸的代表是「二十二碳六烯酸（ＤＨＡ）」，是富含大量魚油的脂肪酸。

美國國家衛生研究院的希伯倫（Hibbeln, JR）博士等人，提出「憂鬱症的罹患率，與魚的攝取量呈負相關」的論文報告。根據這份報告，在不太吃魚的德國和加拿大，罹患憂鬱症的人口比率較高；但像日本這種有吃魚習慣的國家，罹患憂鬱症的人口比率則較低，固定在幾分之一。

ＤＨＡ除了與罹患憂鬱症的機率相關，也有改善記憶、認知能力的效果，從以前開始，就有很多此類報告，受到專家的廣泛關注。我自己以前也參與過ＤＨＡ的研究，但透過實驗，我個人得到的印象是，與其說ＤＨＡ會「提高記憶力」，不如說（對於因為某種理由而衰退了的記憶力）「有改善效果」。當然，這是在動物實驗的層級，人類的適用性能夠到哪兒則不清楚。

對腦有益／有害的十二種營養素・最新一覽表

請看以下加州大學洛杉磯分校的高梅茲・平尼拉（Gomez-Pinilla, F）博士等人編寫的最新列表（請注意這份列表中所列出的不只是「有益」的東西，也包括「有害」的東西）。列表列出人類的實驗數據以及動物實驗的數據。

1. Omega-3不飽和脂肪酸（DHA等）

人　類：能改善老年人的認知功能下降、治療情緒障礙。

動物實驗：能改善因腦損傷而導致的認知功能下降，改善阿茲海默症動物的認知力下降。

2. 薑黃素（薑黃的香料成分）

動物實驗：能改善因腦損傷而導致的認知功能下降，改善阿茲海默症動物的認知力下降。

3.類黃酮（可可亞、綠茶、銀杏葉、柑橘類、葡萄酒裡的成分）

人　類：能提高老年人的認知功能。

動物實驗：結合運動，能增強認知功能。

4.飽和脂肪（多存在於牛油、豬油、椰子油、綿籽油、奶油，起司、肉類）

人　類：促使老年人的認知功能下降。

動物實驗：會促使因腦損傷而導致的認知障礙惡化，以及因年齡增加而導致的認知功能下降。

5.維生素Ｂ類（豆類、豬肉）

人　類：透過補充維生素 B_6、B_{12} 以及葉酸，可以提高各年齡層女性的記憶力。

動物實驗：維生素 B_{12} 可以改善因缺乏膽鹼而引起的認知功能下降。

6.維生素D（魚肝、蘑菇、牛奶、豆漿、穀類食品）

人　類：對老年人的認知功能有十分重要。

7.維生素E（蘆筍、酪梨、豆類、橄欖、菠菜）

人　類：減緩因年齡增長而引起的認知能力下降。

動物實驗：改善因腦損傷而導致的認知功能下降。

8.其他維生素

人　類：有抗氧化作用的維生素A、C、E可減緩老年人的認知功能下降。

9.膽鹼（蛋黃、大豆、牛肉、雞肉、萵苣）

人　類：若缺乏就會導致認知功能下降。

動物實驗：抑制因痙攣發作而引起的記憶力下降。

10.鈣（牛奶）、鋅（牡蠣、豆類、穀物）

對腦有益／有害的12種營養素（食材）

硒（豆類、穀類食品、肉、魚、雞蛋）

人類：血清中的鈣含量高，會促進因年齡增長而引起的認知功能下降；鋅則會延遲因年齡增長而引起的認知力下降；長期的硒不足則會影響認知功能下降。

11.銅（牡蠣、牛．羊、肝臟、黑糖蜜、可可亞、黑胡椒）

人類：因阿茲海默症而導致的認知功能下降，與血漿中銅的濃度高低有關。

12.鐵（紅肉、魚、家禽、豆類）

人類：能改善年輕女性的認知功能。

以上是總結近來具代表性的研究。實際上，除了這份列表，還有許多關於營養素的實驗正在進行，而且對於列表內的物質，也不是完全沒有任何反論。因此，若要將這樣的實驗數據用在日常生活中，還是得持「保留態度」。

要相信所獲得的資訊到哪種程度，最後責任還是落在我們每個人身上。萬一「因相信而持續吃了三十年的營養補充品，但後來才發現其實那會帶來不好的效果」，你的人生也不能重來，更沒有任何人會補償你。而對我來說，這樣的資訊，我只會把它當作茶餘飯後閒聊的話題。

19

腦怪癖

愛討論

「氣勢」「毅力」是陳腐的觀念？

解決問題需要討論？

研究腦的時候，我經常被迫思考，「科學的發現究竟是什麼」。即使公開經過周密實驗後得到的數據，也可能得到「這種事從以前就聽說過了」的冷淡反應。

的確如前文所言，被發現的「事實」有不少都不是新鮮事。換句話說，在這個限度上，可以說人智並無進步。可是我認為無論如何，透過科學實驗而獲得確實的證明，這意義是很大的。

美國哥倫比亞大學的史密斯（Smith, MK）博士等人所報告的論文，也正是這樣的研究。他把「解決問題需要討論」，按照學術性的步驟，證明了這是事實。

實驗進行的方式是對三百五十名學生提出問題。一開始，正確解答率是約百分之五十，但在經過小組討論，提升到約百分之七十。

如果有某人知道答案，就會將這個正確答案告訴周圍所有人，因此，當然會獲得這樣的結果。可是，在謹慎調查過學生的討論後發現，即使原本沒有任何人知道答案，正確解答率也會上升。換句話說，正確的解答，不單純僅是被傳播出去而已，還會在討論中萌發新芽。

有趣的是，透過討論而好不容易得到正確解答，同時學生也加深了對問題的理解程度，且由於習得了應用能力，也會提升其他類似問題的正確解答率。「討論」與單向的授課不同，可以讓人獲得更深入的理解。

何謂有效的領導

談到集體效能，以下我順便介紹名為「有效的領導」這個極具魅力的論文。不過，這研究的重點不在人類，而是有關動物的領導研究。

成群的動物，如何斷定集體應該前進的路線呢？一般咸認為，在蜜蜂、魚，及部分鳥類中，有少數「擁有正確知識的領導者」，且由這樣的優秀個體在引領集體行動。

「有正確知識的領導者」會率領其他的鳥類行動。
「照片提供／PHOTO AFLO」

但，不可思議的是，這些正確的知識要如何傳遞給全體？而成員們要怎樣才能辨別「誰擁有正確的知識」？

現在我們只要利用高速的電腦，匯入各種動物的行為模式，就能重現集體行動的模式。

根據計算結果，集體中「擁有正確知識的個體」所占比例越多，群體就越會採取正確的路線前進，這是極其理所當然的。但意外的是，在擁有知識的個體率是相同的情況下（譬如有百分之十的成員知道正確解答時），集體的規模越大，群體就越能找出正確解答。或許，這就是動物會組成龐大群體的理由。

更有趣的是，知識層的成員若過於堅持正確解答，集體就會呈現分崩離析的狀況。領導者不明示他的意圖，反而採取看起來很模糊不清的行動，結果似乎更能引導集體到正確的方向。

想在正式場合發揮實力，該怎麼做？

以前我的母校曾在二〇〇八年，打進全日本高中足球錦標賽的決賽。雖然以前藤枝東高中就是以足球強校而聞名，不過時隔了許久才打進決賽，於是我就到國立競技場去幫他們加油。

可是，比賽結果卻是慘敗。老實說，母校的選手動作很僵硬，比賽中，我一直無法感覺到快要取勝的氣氛。

「太緊張了」「被氣勢壓倒」「聲援不足」——這些原因在戰局中產生了不利的影響。這不僅會發生在運動員身上，在入學考試、演奏會、發表會等場合中，有過比賽經驗的人都知道。

參加學力測驗或入學考試時，為了消除緊張感，人們會尋求各式各樣的解決方法。例如深呼吸這種比較正經的方法，其他還有像是在手掌寫「人」字假裝吞下，這種如符咒般的方法很多。正是由於有這些多樣性的方法，才更反映出，在正式場合中，有很多

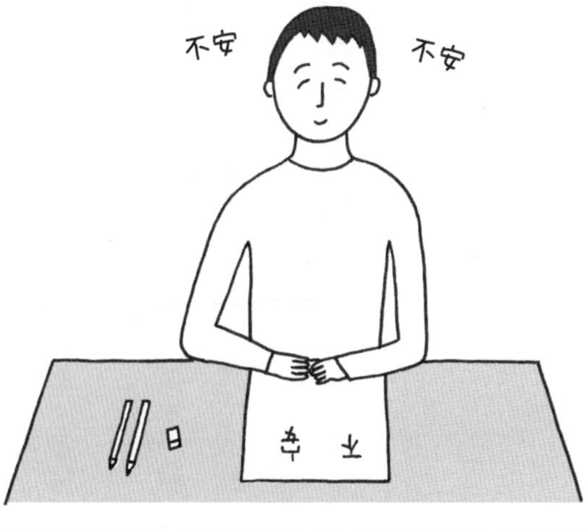

「物理考試中，要是出現〇〇的應用問題，可能就會放棄了……」

人無法發揮實力，以及他們深切地想要克服緊張問題的想法。

特別是在一試定江山這種強烈的壓力下，要發揮平常的實力，應該對任何人來說都很困難。這種時候該怎麼做呢？

美國芝加哥大學的貝洛克（Beilock, SL）博士等人進行了簡單的實驗，並完美地回答了這個疑問。博士等人提出的因應對策是：「寫出對考試的不安」。

貝洛克博士等人，對高中的一百零六名學生，以攸關升學與留級的期末考試，確認了這個事實。他在考試前，給學生十分鐘的時間，讓他們具體寫出對接下來考試科目的哪個部分感到不安。結果因而緩解了學生們的緊張感，提高了約百分之十的分數。書寫有關考試的事而出現了效果，可以明白坦率抒發心情很重要。但原本就不會緊張的學生就算寫了，成績也沒變化，所以，這方法並不是對任何人都有效的。

以腦科學來看「氣勢」與「毅力」的效果

近幾年日本社會大力推行合理化與效率化，結果就是，「氣勢」與「毅力」這類傳統的精神論受到了輕視，相反的，要付出較高代價的聰明勝利法，更被認為是有抓到訣竅而受到大家讚賞。

此時，最尖端的腦科學，反倒重新燃起對精神論的重視。以下就讓我來介紹一下使用閾下影像的有趣實驗。這裡所謂的閾下影像，是指在動畫的一個畫面中，放進文字或照片的影像技術。

這個實驗極為簡單，就是在螢幕顯示「握住」時，請受試者輕輕握住手中的把手。偶爾在「握住」的信號前，在瞬間的閾下影像會顯示「加油」「很好」等積極的詞彙。因為發生在瞬間，受試者不會知道出現了什麼文字。然而，手握的力量卻出現提升兩倍的情形。若顯示與鼓勵無關的文字，則沒有效果。

結果顯示，鼓勵真的有效。而且，即使沒有意識到鼓勵，只要得到鼓勵，就會提起

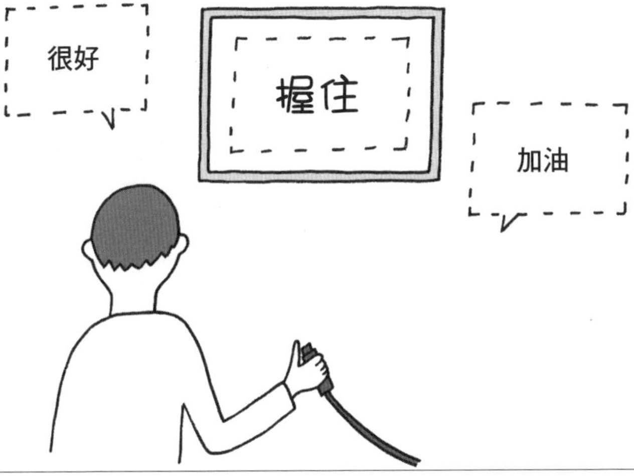

聲援和鼓勵在科學上是有效的！

幹勁。

當然，雖說「只要有幹勁，不管什麼都能做」是太過分樂觀，不過自古以來就有這種說法，可見積極的精神還是很重要的。這些正在被科學證明的事，真是非常的有趣。

20

腦怪癖

愛說話

「隱喻」改變會話的主導權

人類的祖先是尼安德塔人？

有個發人深思的科學發現，那就是人類品種的變化。人類改變了許多生物，像是農作物之類的食物。不過，每當看到奇特的狗和金魚，我就可以想像，我們的祖先們是多麼確實地去重複交配物種以創造出新品種的實驗。當然，這不是為了物種，最終目的還是為了人類本身。

這是為了貪得無厭的欲望而改變品種。因此在這裡，我不稱為品種改良，而只說是改變品種，令人感到衝擊的是，人類自己也曾和尼安德塔人婚配。尼安德塔人在五十萬年前與人類分道揚標後，就以其他「種」的身分生活，並且在三萬年前滅絕。

然而，對尼安德塔人的骨頭進行基因體分析，結果可以發現，在他們即將滅絕之前，有與人類雜交的跡象。我們現在人類的基因，就有百分之一以上是來自尼安德塔人。

據說，尼安德塔人是有智力的生物，他們的身材比我們魁梧，體格肌肉發達，體毛也很濃。他們沒有語言。因此與其說尼安德塔人是我們一般想像的「人類」，就外形而言，倒不如說更接近巨大的野獸。

要與這樣的生物交配，可是相當有勇氣的行為。

然而事情並非如此單純，因為尼安德塔人的粒線體並沒有與人類雜交的證據。粒線體是母系遺傳，換句話說，雜交行為有可能是在尼安德塔人的「男人」與人類的「女人」之間所產生的。

請試著想像這樣的狀況——懷孕的人類女性所生下的，是尼安德塔人與人類的混血。這裡的重點是，人類的社會並不忌諱這種混血兒，反而是予以保護扶養。若非如此，混血的證據就不可能留存在現代人身上。

雖說當時還過著原始生活，但我對於人類的高度社會性，忽然感到一股溫暖。

有血統證明的現代人

再說，從發現人類與尼安德塔人雜交的記錄，我們明白了一件稍微更深奧的事。我們之所以可以認出兩者的混血，是藉由對現代的白人和黃種人做檢測而得知，至於非洲系的黑人則看不出與尼安德塔人的混血。

從這個事實可以想像以下的事：人類本來在非洲大陸誕生，並在那裡生活。這些人類中誕生出了尼安德塔人（或其祖先）。這比起我們所謂「現代人種」誕生，是還要更久以前的事。

從化石或遺跡的分析來看可知，尼安德塔人不是住在非洲大陸，而是住在歐洲大陸。換句話說，他們應該早早就離開非洲大陸，遷徙到寒冷的歐洲大陸，並在那裡生活。這是三萬年前的事，因此他們是近代所存的「人類」。

那麼來談談現代人。我們究竟是何時誕生的，專家之間的意見也多有分歧。總之一般認為，現代人的種系大致可分成兩種：白人‧黃種人系，與非洲黑人系。

換句話說，幾萬年前，現代人祖先的一部分，勇敢地離開了非洲大陸，遷徙到歐洲大陸。而那裡已經有尼安德塔人居住。在新來的人類與舊居民的尼安德塔人之間，不難想像會有怎樣的交流，總之，從ＤＮＡ留下的痕跡可以知道，他們之間確實曾發生過雜交。

移居新大陸的冒險家（或者是逃亡者，又或者是被放逐者），在此之後就往白人、黃種人的方向進行變化。換句話說，若提到「人種」，非洲黑人才具有純正的血統，亦即黑人才是有血統證明的現代人。

從事探索人類的始祖此浪漫研究，有一位研究人員透露：「當我知道我們白人是混血時，感到很震驚！」我非常在意此番發言，也許這個發言正象徵著白人的優越感。

種族歧視為什麼不會消失

我認為，種族歧視在心理學上有著非常難解的問題。

以「人種」來說，非洲黑人才是具有純正血統的現代人。

從很久以前，世人就不斷譴責種族歧視，或許有人認為這已經是被封印在過去的遺物。可是很遺憾，種族歧視至今仍持續存在著。根據二〇〇七年的調查報告指出，有百分之六十七的美國黑人在求職時，覺得有受到差別待遇與被歧視，甚至在日常購物或在外吃飯等場合中，也有高達百分之五十的黑人受到過種族歧視。

有個真實呈現種族歧視如何成為根深蒂固現象的研究。根據調查數據，非黑人族群在心理上會討厭黑人受到不合理的歧視，如果看到黑人被歧視，就會嚴重覺得不安。可是，試著進行實際測量後發現，當他們遇到黑人被歧視或蒙受不利現實情況，他們的心中並沒有產生如自我評估的不安。

換句話說，人們在腦中所想像的理想自我，與現實自我的行動是有所背離的。或許因為當事人並沒發現高估了自己的正義感，差別待遇與種族歧視，才不會在世界上消失。

創造出「奇蹟」的基因

話題回到人類身上。有種名為「FOXP2」的「奇蹟的基因」，可說是神給予人類的賞賜。

人類與其他動物的決定性區別在於高度的認知功能，例如作文、使用工具、跳躍、做料理，或者創造藝術作品等，人類在創意、創作的能力上有很卓越的表現。

根據人類考古學的調查，在二十萬年前的遺跡中，幾乎沒有創造行為的痕跡，不過在智人*誕生以後，就能看出舊石器時代後期，人類創作力的爆發。

一般認為在這時期，人類的FOXP2基因有兩處發生變異。原本FOXP2基因不僅人類擁有，猴子和老鼠等其他的動物也有。可是，只有人類的FOXP2在那兩處產生了變異。

雖僅有兩處變化，但似乎正是這個變異才引起了人類能力有戲劇性的改變。由於得到這個新的FOXP2，人類就能夠運用語言了。

會發現FOXP2的原因，是來自語言的研究。在探求有語言障礙的血統基因時，研究人員找到了FOXP2的變異。由此可知，FOXP2與語言確實有很密切的關係。

科學家將這個可以說是人類至寶的人型FOXP2基因，試著植入老鼠體內，進行了冒犯神明的大膽實驗。而在馬克斯．普朗克研究所進行研究。

老鼠因為沒有可以運用語言的舌頭和咽頭等身體構造，所以終究不會說話，不過我們可以知道，被植入人型FOXP2的老鼠，在聲質與探索積極性上會有變化。而且，老鼠一部分大腦皮質的神經纖維會變長，突觸（神經細胞間的結合部）的可塑性也增強了。

結果，具人性化的老鼠誕生了——我們該怎樣面對這事實？至今我自己也還沒有答案。

語言的兩個作用

那麼，一般認為語言的作用大概有兩個：「溝通」與「思考工具」。

說到溝通，這個作用不管是誰都知道。但是，為了傳遞訊息而使用音波的方法，並非人類語言所特有，蟲和鳥的叫聲也有這樣的功能。

因此語言的第二個目的：「思考工具」，才是創造出**人性**的關鍵。

不過，語言如何實現我們的認知與反省？反過來說，要是沒有語言，人類的心能有現在這樣豐富嗎？這個問題非常有趣。

譬如當我們看到藍與綠的中間色時，會苦思著該怎樣以言詞去表達，但在墨西哥北部的塔拉胡馬拉語，因為有對應這些顏色的單詞，在表達上就不會顯得詞窮。另外，俄語圈的人們因為分別有相當於「亮藍色」與「暗藍色」的單詞，所以在進行識別色彩的測驗時，可以快速區別兩者。

*註：即「有智慧的人類」。

香港大學的陸鏡光博士等人，進行過「以腦影像捕捉『詞彙』對認知力帶來的影響」研究。根據實驗結果，在腦的分類和認識中，還是以有無對應的單詞為決定性的關鍵。

美國波士頓大學的巴雷特（Barrett, LF）博士等人更進一步推進這實驗，考察「能夠察覺自己與別人的感情，也是因為有語言」。

總之，人類所擁有的詞彙會為人類的意志、思考，以及行動帶來獨特的模式。

compliance（服從）、feasibility（可行性）、niche（利基）、conglomerate（企業集團），generic（學名），freelance（自由業）、innovation（創新）、manifesto（宣

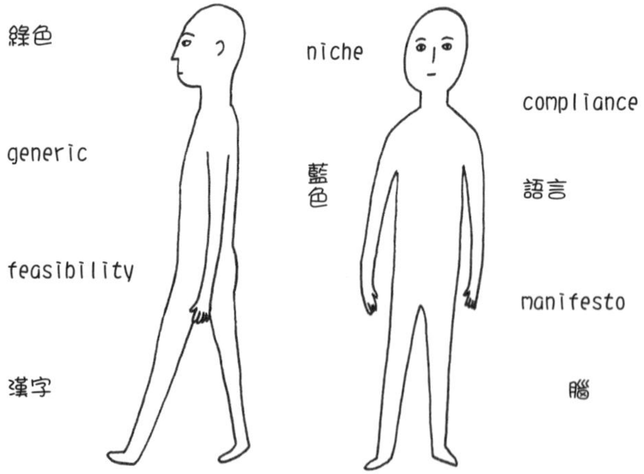

新詞彙增加，人也會隨之而改變。

言）——這些新單詞不斷地被引進我們的母語中，每每都會令我們的社會觀與生活觀產生變化。

「鬧鐘是拷問」的修辭技巧

溝通的主導權，基本上是在訊息的接收方身上。譬如，推銷員推銷商品時，決定買不買的是消費者；傳達心意給戀人時，擁有是否接受求婚的決定權是被告白的人；教授授課時，學生有去不去上課的選擇權。從這些例子可知，掌握主導權者，是接受一方，仍是人際關係上的基本原理。

有什麼方法能打破這個原則嗎？不管在職場也好，私人情況也罷，如果可以由發送方來控制對話，將更能提高溝通的潛在優勢。

實現這個秘技的一個方法，就是利用「隱喻」。關於這類研究，目前正相繼有所發表。

有句話是「如字面所示」，英文是「literal」。之所以會特地創造出這樣的單詞，就表示也有相反、並非「如字面所示」的情況。譬如「人生是旅行」「鬧鐘是拷問」等的譬喻表現，就是如此。這樣隱喻式的表現法被稱為 metaphor，是全世界所有語言中都有的修辭學。

嘗試探索在會話裡的隱喻效果，會發現其歷史很古老，據說可以追溯到亞里士多德的時代。在現代，科學的手術刀正要開始解剖，關於腦如何理解隱喻的謎團。

自閉症和精神分裂症，或是阿茲海默症的初期症狀，就是無法理解隱喻。因為他們傾向將語言照字面上來解釋，導致在日常會話上產生障礙，所以，從這樣的背景，就可以尋求科學的實證。

隱喻

德國杜賓根大學的拉普（Rapp, AM）博士等人，詳細研究了腦聽到隱喻時的活動。

拉普博士等人將「愛的語言，是豎琴的音色」這個隱喻，以及「愛的語言全是謊言」這篇意思全如字面上所示的句子，準備了一百組，分別講給十五位實驗對象聽。由於理解語言的主要是左腦，所以聽到如字面所示的文章時，左腦的語言區就會產生活動，因此，這個實驗數據符合原先的預期。

然而，當聽到隱喻時，除語言區之外，還有「額下迴」（額葉的一部分）等多處大腦部位會出現活動。拉普博士等人推測，「解釋隱喻需要融合單詞和上下文脈絡，進而才能推定其背後意義，這部分與腦的高層次功能有關」。

另外，英國哈默史密斯醫院的博蒂尼（Bottini, G）博士等人則發表了，「右腦在理解隱喻時也扮演了重要角色」。

換句話說，「如果利用隱喻就能強烈活化對方的腦」。加強表現技巧就可以動搖對方心理，說不定還可因此反轉「由接收方主導」的人際關係大原則，對我而言，這件事具有強大的吸引力。

大腦享受笑話

會享受幽默與笑話的動物只有人類。若在動物園仔細觀察，就會發現，連被認為是最接近人類的物種猴子，都看不到像這樣的現象（或者可以說是「從容欣賞幽默的心」）。

幽默是文化的產物。以前，我曾看過英國人以「世界最有趣的笑話」為旨趣的競賽。可是，我讀了獲得第一名的那則笑話後，卻不覺得有趣。我想是英國的笑點與自己本身的感覺有些不一樣的關係。令我印象深刻的是，周圍的朋友們也有同樣的感想。對幽默的理解，會受到那個人所處環境、智力、知識、個性，或是當時的心情而不同。因此，不僅在腦科學上很難探討這問題，各研究人員所提出的數據也參差不齊。

在這當中，較為一貫性結論的腦圖像數據就是，在享受笑話時，右腦「前額葉皮質區」會產生活動。實際上，我們知道，這一塊區域有損傷的患者，會變得無法正常理解幽默。此外，要理解幽默，有數據指出是與「杏仁核」以及「中腦邊緣系統」有關。

在這一連串的研究中，美國史丹佛大學的賴斯（Reiss, AL）博士等人的研究，特別引起我的興趣。

賴斯博士等人的研究，是調查人的個性與理解幽默的關係。這裡所謂的個性，是指外向性，或是神經質的氣質。

他們對平均年齡二十三歲的十七名實驗對象進行實驗。首先用NEO-FFI測試（人格檢查）診斷每個人的性格。這個測試是根

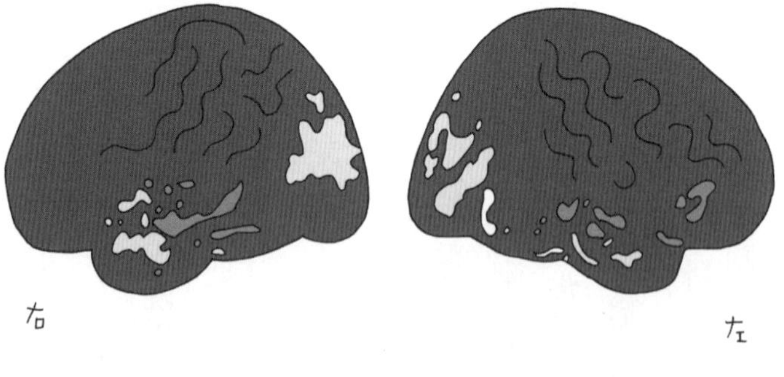

對幽默產生反應的腦部位。　（改自PNAS.102:16502-16506, 2005）

據對六十項問題的解答，將受試者分類成外向型或神經質型的試驗。然後，讓受試者看有趣的漫畫，請他們以滿分十分來評鑑有趣度。

首先，重要的發現是，對於幽默的理解度或對於笑話的反應速度，並不會受到性格的影響。換句話說，不管是外向或神經質，至少在外表上，兩者都同樣能理解笑話內涵並樂在其中。

然而有趣的是，在腦的反應上卻出現了差別。

上頁顯示的腦反應數據，用淺灰色顯示的腦區域，是外向的人感覺到幽默時會出現較強反應的部位；而顯示白色的區域，則是神經質的人會出現反應的腦部位。

雖然看起來都是在享受相同的笑話，但性向不同，腦的反應也不同。可見，腦對笑話所出現的反應，幾乎可用來區別性向。

若是在這裡的反應有出現差別，就可以想像，即使表面上大家都一樣咯咯笑，但每個人的心理卻不相同。

果然，所謂的笑也是寓意深遠而令人感慨良多的。笑話正因為是在當下微妙的平衡中成立的高度遊戲，所以要將別人的「笑」與自己的「笑」來做比較，是很困難的。不對，其實不如將每個人的「笑」，都視作是完全不同的東西才正常。

世界最有趣的笑話

第1名

有2個男人出去狩獵。他們走在森林中，其中1人突然倒下，呼吸好像停止了，兩眼發直。另一名男子驚慌地拿出手機求救：「我朋友死了！怎麼辦？」接線員說：「請鎮定，沒關係，首先請你確認他真的死了（make sure he's dead）」。在一陣沉默後，不久，傳來了槍聲。男人回到電話說：「好了，我做了，那接下來要怎麼做？」

第2名

夏洛克・福爾摩斯與華生醫生去露營。他們2人享受了美味的晚餐與1瓶葡萄酒後就入睡了。數小時後，福爾摩斯醒過來戳了戳誠實的朋友。「華生，你看星星，你可以從那裡說出什麼呢？」華生回答：「我看到幾百萬顆星星」。福爾摩斯說：「你能從那裡推導出什麼？」華生思考了一會兒後說：「這個啊，以占星學而言，我發現土星正在進入獅子座；以時間學而言，我可以推測現在時間大概是3點15分；以氣象學而言，明天應該是好天氣；以神學而言，神實在是太偉大，我們不過是這世上很渺小不足取的一部分。你認為呢？福爾摩斯。」

福爾摩斯沉默了一會兒後說：「華生，你真是不懂！我們的帳篷被人偷走了！」

出處：http://www.laughlab.co.uk/

21

腦怪癖

用直覺

腦為什麼不擅長對「數值」使用直覺

無意識是非常有能力的

以下來介紹美國波士頓大學渡邊武郎博士等人的研究。渡邊博士等人在判斷學習的測驗中，證明了無意識的自己是非常有能力的。

在這裡要做的是，判斷映在螢幕上的圖像是朝哪個方向移動的簡單測驗。但是，由於螢幕會出現雜訊，讓人看不清楚移動的方向。在進行測驗後，研究人員發現，受試者的正確回答率只有瞎猜的機率。也就是受試者是完全無法以感官進行認知的。

那麼，這次則不進行測驗，只請受試者注視一樣的圖像，雖然還是不能判斷移動的方向。不過這次先施加了某個裝置，只有在往特定方向移動的影像出現時，受試者含在嘴裡的水管會出水，受試者可以喝到水。

其實，實驗之前，有請看影像的人，暫時斷絕飲水和飲食。因此，水管出水是令人歡迎的情形。

有了只有特定方向的影像出現，才能得到獎勵的經驗，再次試著進行判斷的測驗。結果很驚人，原本只能偶然回答出正確答案的人，現在對特定方向的影像提高了正確回答率，這就是認知力提高了。

當然，在意識上因為不能判斷移動方向，當事人完全沒有「答對了！」的自覺。可是，按照直覺行動就能答對，連當事人都感到吃驚。

你已經注意到了吧，這個實驗範例與知名的「巴夫洛夫的狗」的制約反應一模一樣。所謂「巴夫洛夫的狗」，就是響鈴就會流口水的狗訓練實驗。可是，這個實驗範例竟然是用人類，而且以無意識的感覺來進行，這就是此研究的重點。

人類不僅會有意識地記憶，也會無意識地學習並成長。英國倫敦大學的佩吉格利恩（Pessiglione, M）博士等人與日本國際電氣通信基礎技術研究所（ＡＴＲ）的川人光男博士等人，同時漂亮地證明了人類會在無意識中學習。但是，因為是在無意識的情況下，當事人並沒有成長的真實感，因而很難會注意到。

我覺得無意識的學習對人的人格與成長所帶來的影響，遠大於有意識的學習。藝術與料理的品味、設計與企劃等等的規劃，這些能力比起明顯的意識，大概更多是由無意識中學習得來的。

「靈光一閃」與「直覺」的差別在於？

我每次一有機會就會強調關於「靈光一閃」與「直覺」的差別。以下我將做個簡單的說明。

或許在平常的生活中，大家會以相同的語感來使用這兩者，不過在大腦研究中，對這兩者的處理則有明確的區別。

的確，無論直覺或靈感，都很類似「突然想到」的狀況。可是，想到之後的情況卻完全不同。

「靈光一閃」是想到以後，可以將其答案的理由語言化。「直到剛才都沒注意到，但現在這個答案的理由我很清楚。說到原因，就是如此這般云云……」這種情況下，當事人可以清楚地表達理由，這就是「靈光一閃」。

1. **以靈光一閃解決的問題**

放入□的數字是什麼？

1　2　4　□　16　32

2. **以直覺解決的問題**

請將「Mupami」或「Richisha」的名稱分別填入以下兩個圖形

另一方面，「直覺」指的是當事人不明白是何理由。雖然可以意識到原因，但只能形容「只是覺得」的模糊感覺。根據不明確，答案的正確性也很模糊，卻能確實相信的就是直覺。而且重要的是，直覺意外地準確，與單純的「瞎猜」或「胡說八道」有完全不同的差異。

我經常將靈光一閃，說成是「理智的推論」，而直覺是「動物性的第六感」。如果用一句話來說明，靈光一閃是陳述性，直覺就是非陳述性。要具體掌握兩者在概念上的差異，只要請人去解開前頁的問題。順帶一提，直覺力會隨年齡增長而變強，因為經驗也增加之故。

邏輯式思考與推理式思考

有關「靈光一閃」與「直覺」的說明到此為止，以下我要介紹台灣大學的黃貞穎博士等人發表的論文。這是將「靈光一閃」再細分為二個類型。

首先，試著思考以下這個問卷調查的案例。

問題是：「請隨意舉出一個數字」。結果，在一瞬間，每個人會有慣於回答的數字，而且大多數人都會回答2、7或10。

此外，若請人選擇一個顏色，選擇紅、藍的比例會相同。若請人舉出喜歡的西元年份，會舉出今年的人約為全部人數的百分之六・八。

然而，在兩人同時回答時，若設定為「如果你的答案與對方的答案一樣就有獎金」，這時回答的傾向就會完全改變。在數字方面會回答「1」，而顏色則是回答「紅色」，人數會顯著地增加。而說到西元，回答今年的人數比例也會變成百分之六十一・一，大約出現了九倍的成長。

黃貞穎博士等人指出，在「靈光一閃」方面，有因為陳述了道理而能導出正確答案的情況，以及必須一邊推測對方的態度，一邊判斷的情況，同時，研究人員也分別調查了，在這兩種情況下，大腦的活動程度。結果發現，看來相同的靈光一閃型思考，在陳述道理與推測時，使用大腦的方式完全不同。

在職場中，邏輯式思考與推理式思考都是必備的能力。既然知道大腦會使用這種雙重系統，我們就要清楚認識兩種不同的功能，並有意識地訓練這些能力。

「直覺不可靠」的罕見例子

可是，說到「直覺」或「第六感」等，似乎有人會覺得，那似乎很超自然、很可疑。

但實際上，就像我剛才強調的，這是大腦真正所擁有的能力。直覺的特徵有以下特點：

1. 判斷快
2. 大致正確
3. 可以透過經驗鍛鍊

我們一般知道，「紋狀體」與「小腦」等腦部位，與直覺有相關的。直覺的話題非常有趣，不過因為這已經寫在《單純的腦，複雜的「我」》這本書中，這次我要來思考「直覺不可靠」的罕見例子。

譬如在下頁的三個圖形中，二根棒子一樣長的組合是哪個？當豎立起一根棒子時，很難做出判斷。

這是「眼睛錯覺（錯視）」的著名例子。說起來，錯覺就是勉強指出「直覺」作用不佳的特殊事例。

大部分視覺情況如同直覺一樣正確。由於舉出這種錯覺的例子並不多，所以無法成為話題。

雖然離題，不過這非常重要。一般而言，平凡的資訊沒有作為資訊的價值。特地拿出來當作話題，才顯出其稀奇之處。換句話說，在某件事被選來當作資訊的時刻，就已經有哪一組的二根棒子長度一樣？

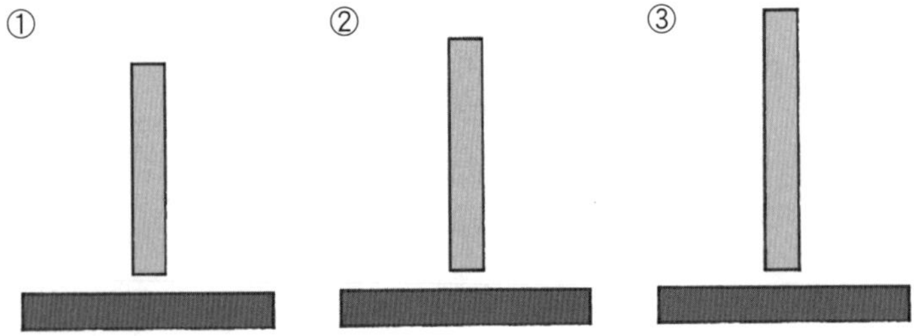

過篩選。世界上的新聞與流言，很明顯地都是這樣呈現出來的。說不定，原本不可能成為話題的平凡事，才是真正重要的大事。（前頁的正確解答是③）

大腦的弱點

那麼，繼續回到主題。現在我要介紹直覺不起作用的少數案例。

令人感到意外的是，人們常能觀察到直覺的失誤，除了眼睛錯覺，這種情況也會出現在數值估計。

從1加到10是55。那麼，如果從1乘到10是多少？對數字陌生的人似乎會直覺是「數千左右」。但試著計算過就會知道，實際上是超過三百六十萬。

在此你或許可以單純當作笑話，不過因為我在藥學系工作，就得經常思考有關醫療檢查法的可靠性。

譬如假設有一種病，感染比例是在一萬人中有一人會感染。這種病的致死率很高，必須早期發現，早期治療。此時，某家製藥公司自豪地開發了「準確度高達百分之九十九」，具高驗出率的檢查法。如果你感染了這種病，可以正確驗出為陽性的機率有百分之九十九，相反的，因出錯而得到陽性的錯誤率則僅有百分之一，是個很傑出的測試法。於是你立刻試著進行這項檢查，結果竟然出現了「陽性」。

在這個案例中，許多人應該會感到非常沮喪。「準確率百分之九十九的意思，就是差不多可以確定自己感染了……」。

可是，這個想法是錯的。

請試著冷靜下來思考。重點是，「罹患這個感染症的機率是　萬人中有一人」，我們必須連同這個機率　起考慮。雖是一些粗率的估計，不過若用以下這樣的思考法，會比較好懂。

一萬人中有一人的意思是，在一百萬人中有一百人是感染者。因為準確率是百分之九十九，所以這一百人當中有九十九人會被檢測出是陽性。

$$1+2+3+4+5+6+7+8+9+10=55$$

$$1\times2\times3\times4\times5\times6\times7\times8\times9\times10=?$$

可是，有件事不能忘記。一百萬人中有九十九萬九千九百人沒受到感染。這些非感染者中的百分之一會被誤判為「陽性」。換句話說，有九千九百九十九人明明沒受到感染，卻可能會檢測出陽性的結果。

看到這兒各位就懂了吧。以百分之九十九的準確度檢查一百萬人，就有九十九人＋九千九百九十九人，亦即總計一萬零九十八人是陽性。可是，一萬零九十八人中，「真正受到感染的患者」只有九十九人，所以即使被診斷為「陽性」，實際感染的機率也不到百分之一。

雖說是陽性，但就因此而情緒低落，似乎還太早了。

就像這樣，人類大腦的直覺在面對「數值」時，計算能力實在很薄弱。在長久的大腦進化歷史中，人類學會抽象性操作數字的時間，恐怕是極為近期的事。我認為原因即與此有關。

22

腦怪癖

以為自己很自由

其實你不了解自己

百分之八十以上的行動是沿襲過去的習慣

人類能自由行動到什麼程度？美國東北州立大學鮑勞巴希（Barabasi, AL）博士等人的研究結果，帶給我們不小的衝擊。鮑勞巴希博士是研究複雜網路的先驅之一，在日本以《新網路思考》（*LINKED: The New Science of Networks*）等名著而聞名，近幾年也進行關於人類行動習性的獨創性研究而引人注目。

博士等人關心的焦點在於手機。電話公司保管著使用者何時在何地的資料。博士等人徹底調查五萬人在三個月內使用手機的記錄，計算出每個人移動的熵（entropy）。熵是表示混沌程度的參數。

調查的結果可知，熵僅為〇・八位元。換句話說，所在處的不確定性是一・七四（＝二的〇・八次方），少得驚人。粗略來說，知道一個人平常的移動模式，就能夠將「某人現在在哪裡」的範圍，平均縮小至兩個地點以內。

接著，博士等人計算「法諾不等性係數」。所謂的法諾不等性係數，就是能夠正確猜中人們移動模式的預測率。算出的數值平均竟有百分之九十三。連生活模式不規則的人，也不會低於百分之八十。也就是說，我們的行動有百分之八十以上都在沿襲過去的習慣。

即使我們在意識上認為自己是極端自由地在行動，但現實上，卻是依循著連本人都沒有察覺的行動習性，不知不覺地進行相同的活動模式。

鮑勞巴希博士等人的論文結論是，「人類雖對變化或自發性有很強的欲望，但卻會受到現實生活的強烈慣性所支配」。

自由意志無法從腦誕生

那麼，自由意志究竟是什麼？

意志並非從腦中產生的，而是根據周圍的環境與身體的狀況來決定——這是我的見解。而且，這個想法正是本書的基調。以下讓我再詳細地說明。

譬如，請人用手指指向想要的東西，右撇子會用右手去指。原本選擇用左右哪隻手是自由的，但依照說法的不同，也可以說是根據「本人的意志」才選擇了右手。

可是，這個選擇直的是「意志」嗎？以當事人的習慣而言，使用右手是一定的，因此我認為這難以被稱為是意志；更正確來說，應該算是習性。

這時請人「用左右其中一隻手去指……」結果使用右手的比率就降到百分之六十。這個變化是「意志」嗎？

這個變化也是因為受到請託，可以解釋成僅對外部聲音的「反射」。我之所以使用反射這個強烈詞彙的理由是，右手使用率降低的這個現象，與其說是本人刻意這麼做，不如解釋為對於被詢問的事所做出的自動反應。

我想請各位讀者注意的是，這裡所說的「反射」，未必就是古典意義的「反射」。不光是脊椎反射這種單調的反應，在此狀況下所引起的有限制而自動的回應，廣義說來都會使用「反射」這個詞彙。

根據不同經驗，反射的方式十分有可能出現變化。更應該說，當人們認為從旁觀者看來，變化是有利的，就會歡迎這樣的做法，為方便起見，我們就稱這樣的改變為「學習」、「成長」。關於這點我會在後面詳細說明。

在剛才的實驗中，我想關注的點是，當事者是徹底確信「那是根據自己的意志而選擇了左邊」。因此「自由的感覺」存在於當事人身上是事實。但我主張的這個變化是「反射」而非「意志」，如果真是如此，這份意志的感覺，是從哪來的呢？

美國哈佛大學的帕斯科—里昂（Pascual-Leone, A）博士等人，在做這個實驗時，就試著從右腦的頭蓋骨外部進行磁力刺激。於是，選擇使用右手的比率就從剛才的百分之六十跌到百分之二十，實驗對象使用左手的次數變多了。有趣的是，當事人並沒有察覺受到刺激，而是徹底固執地相信，他是「根據自己的意志而選擇了左手」。

從這樣的實驗可知，自由意志不過是自己的錯覺，在實際行動中，大部分還是根據環境與刺激，或是一般的習慣來決定行動。

讀到這裡，或許有人會覺得憤慨或不快，覺得「怎麼可能沒有自由意志，別胡說八道了」「無法相信自己的決定僅僅是反射」。

可是，我想說的是，甚至連你的這種反應，也出人意表的只是一種「反射」而已。因為我們應該有選擇其他情感反應的自由才對。儘管出現了肯定我意見的選項，但仍有人是馬上表現出不以為然的反應——果然，這還是由其人的「思考習性」或「環境因子」所決定的事。

儘管如此，我們還是自信滿滿地誤以為，一切事情都是「靠自己判斷」「靠自己解釋」。這種誤會，正是人類在思考上的陷阱。

靠自己的力量來決定？

一般認為，理想的行動形象，是能夠不囿於偏見或專斷，而根據明快的理論或分析，做出公平合理的判斷。可是，究竟人類是否可能達到這目標？

譬如在吃午餐的單純情況，人會根據什麼來選擇菜色？自己的健康狀態、必需的營養成分、與昨天相同的菜色、餐廳的品質、季節食材、價格與自己的荷包、主廚的手藝或名聲——參照的基準可說是無窮無盡。

那麼，我們要仔細斟酌到什麼地步再做決斷？

將所有主要因素考慮進來，是不可能的。因此，即使打算合理地做出決定，實際上有很多情況是由「只是覺得」這樣模糊的感覺來主導的。

這是因為每個人的腦有「思考習性」，當反應或解釋眼前的情報，就會被這個思考習性所影響。極端地說，我們的反應早就已經決定好了，這種說法或許成立。

像前面的實驗數據顯示，透過刺激大腦，人們使用左手的頻率就會變高，這也能解釋成「腦對於刺激會有何反應（增加左手使用的次數），是早已決定好的」。如此了解後就能發現，果然，所謂的意志，不過只是「靠自己力量來決定」的幻想（illusion）。

無意識的自己，才是真正的自己

試著思考一些日常生活中的案例。

「喂，你覺得哪件好？」有位雙手拿著衣服如此問道的女性，而此時男性的審美觀正在受到測試。如果是情侶，這情景就會出現在服裝店；若是夫妻，則會是早晨外出前的情景——有多少男性為了女性的這個問題而傷腦筋呢？

我聽朋友說過，對這個問題的最佳回答就是：「其實妳的心裡已經有決定了，不是

午餐的判斷依據是？

嗎？」並回以爽朗的笑容。

我很佩服他，這話說得真是漂亮，近幾年，科學數據也正逐步在對這點做出實證，真是非常有趣。在如此　連串研究的潮流中，我感到最驚訝的數據，是義大利的帕多瓦大學加爾迪（Galdi, S）博士等人的實驗。

加爾迪博士等人表示，即使本人認為「還沒決定好」，只要測量此人的「自動心理聯想」，就能猜中他的決定。所謂的「自動心理聯想」，就是對於物品或語言的反射。

實驗是，在義大利的小都市維琴察，詢問一百二十九位居民對美軍基地擴張政策的意見。關於這項政策，當時在媒體上，贊成與反對兩種論點爭論不休。

實驗是這樣的：受試者眼前的螢幕會出現各式各樣的影像與單字，然後請實驗對象看到「好的」就按左邊的按鈕；「壞的」就按右邊的按鈕，重點是盡可能快速地正確按下鈕。

螢幕上夾雜可以清楚分別好壞的單字（如幸運、幸福、苦痛、危險等等），並出示有關美軍基地的照片，同時測量按按鈕的反應時間，與判斷失誤的頻率。

實際參加實驗就能深刻體認到，我們無法以意識去控制選擇左右按鈕，這是屬於反射性的。因此，不管願不願意，人的好惡傾向，此時都會浮上檯面，這就是自動心理聯想。

可以得知，在無意識中，一個人是將美軍基地與好或壞的印象做連結。

如果先進行這樣的實驗，再來調查思考的聯想習性，就會發現，即使當事人覺得，「難以決定是要贊成或反對」，但其實，我們在事前就能以高準確率預測最終的選擇。只要知道他看基地的照片時，是如何反射的即可。

比起做決定的人，進行試驗的研究者能更早得知受試者未來的回答。意思就是，本人雖然沒有自覺，但他在無意識中，早已決定要贊成或反對。

由自動心理聯想，產生的傾向，與本人有意識的信念，幾乎沒有關係。換句話說，即使在某人的意識上認為基地擴張是好的，於潛意識中，卻可能會感到不快。像這種情況，我們知道，無意識的態度很容易會反映在最終判斷上。

意識與無意識常常是背離的。而無意識的自己才是真實的自己。

在這個實驗裡，在做決定之後問受試者：「你為什麼贊成擴大美軍基地？」被問的人會回答：「因為我考慮到了現今義大利與美國的政情與外交……」等，充滿自信的答案。有人應該也有過這種經驗。

但是其實人早在潛在意識中做好了決定。在聽到新聞後，會出現什麼樣的情感反應，早已由當事人的知識或過去的經驗決定。只是，在被問及理由的時候，沒有人會回答說，

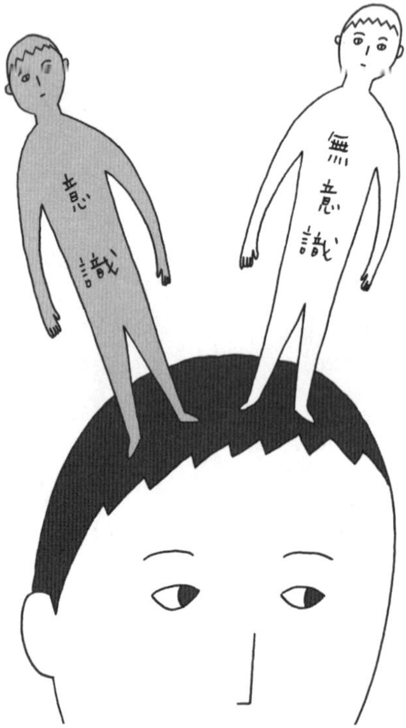

哪個才是真正的自己？

「只是反射」。人類會偽造客觀的理由來解釋自己行動意義。

何謂「腦的正確反射」

「人類對於自己沒自覺的這件事，毫無自覺」，這是美國維吉尼亞大學威爾遜（Wilson, TD）博士的話。我們無法直接知道自己的心如何運作，對人類而言，自己本身就像是旁觀者一般。

越是清楚這樣的研究成果，越令人覺得不能太過相信顯意識的自己，而是要小心謹慎地謙虛處世。

雖然我自己現在很認真地在煩惱某事，但只要想到「反正無意識的自己已經做出決定了」心情就會變輕鬆。沒錯，我們本來就沒有什麼無限選擇的自由。不如直接託付給腦這個自動判斷裝置就行，好輕鬆。

當然，自動判斷裝置的反射是否正確，取決於本人在過去經歷過多少美好的經驗。

因此我認為，「好好生活」就是「累積美好經驗」，接著就會產生「好習慣」。

「頭腦好」這個敘述有多重意義，因此，要一概而論這定義很困難。但我將頭腦的好壞，解釋成「反射是否正確」，也就是能夠依據不同場合做出適切的行動。即使被迫處於困境，也能夠做出適切的決斷，巧妙地度過難關。或是在溝通的時候，能瞬間做出判斷，適切的發言並留心現場狀況，這樣的人就會令人覺得頭腦很好。

這種適切的行動，就是由當時的環境，以及過去的經驗相融合而形成的「反射」。

正因如此，人的成長就會集中在「鍛鍊反射力」，而且，為了能做出正確的反射，就要累積美好的經驗。

譬如古董的鑑定師，只要看到實物，就能瞬間識別那是真貨還是贗品，若是真貨，又有多少藝術價值，這情況就可說是反射。看清真偽的能力來自於經驗，看過大量的物品、邂逅了美妙的逸品的經驗——絕佳的經驗是不可替代的財產，而且這些經驗會開花結果為適切的反射力。不只如此，審美觀的直覺等等，也都是經驗的累積。

相反的，要是學到壞的反射習性，要矯正回來就很困難。這就和用自己的方式開始打網球和高爾夫所養成的奇怪姿勢，即使後來再接受正確的訓練，也很難修正一樣。腦的運作原理，與身體運動以及直覺一樣，都是自己無意識記憶產生的作用。

由於這樣緣故，為了好好生活，我認為，「最好能累積美好的經驗」。為了能夠對此問題有更深的認識，接下來讓我們進一步思考關於意志與自由。

對腦來說，自由究竟是什麼

「意志」是從哪裡產生的呢——讓我們再次回到這個問題。對腦來說，「自由」究竟是什麼？

有個從正面迎擊此哲學性問題的實驗。接下來我要介紹德國馬克斯・普朗克研究所的海恩斯（Heinze, HJ）博士等人的研究。

實驗步驟如下：

首先請人用雙手握住有按鈕的控制桿。受試者的眼前有個電視螢幕，會亂序地以每個字〇・五秒的速度播放「k、t、d、q、v……」等字母。受試者要看著這些文字的變化，並在想壓按鈕的時候，按壓雙手按鈕的其中一個。

想壓的時候就按鈕——這樣單純的實驗。然後，請受試者要預先記住產生「想壓」的意志時所顯示的字母。換句話說，就是類似「當q這個字母出現時，就壓右邊的按鈕」。

請嘗試控制處理動作的腦，找出想壓按鈕的「心」，是何時、在哪裡產生的？此實驗意圖尋找「自由意志」的根源。

當然，在湧現「想按的感覺」後，順從此意志而產生「按壓」的行為，但究竟這個感覺本身是如何萌芽的？

結果很令人震驚：受試者在「想按」之前，腦就已經開始活動。在有意識地產生「想按」的意圖以前，無意識的腦早已創造出「意圖」的原型。

當然，有反對意見認為，「並沒有明確證據證明，腦的事前活動與意志有關就是執行活動的原因」。可是，我們的心與行動既然是腦的活動，意志也必定是腦活動的結果。若從這個觀點再往前推進，就如下所述：

腦進行了某種活動，意思就是，創造某種活動的起源活動，也應該位於腦的某處。無論怎樣的活動都有原因，也就是應有其上層的活動，任何東西都不會無中生有。產生「想按」的意志，意思就是，其源流準備「想按的意志」的事前活動，理所當然會在此之前出現在腦的某處。

如果站在二元論者的立場來看，將精神與身體，或是心與腦視為兩回事，這樣的實驗數據根本就不足以構成對自由意志的懷疑，自由意志確實是存在的。可是，身為一名腦研究者，我還是具有想貫徹（姑且不論真實）一元論的心願。因此，無論如何，我都會以意志是由腦產生的立場，來接續下面的話題。

意識中「自由的心」所造成的幻覺

關於腦的事前活動，我們有以下的疑問：腦是從多久以前就開始準備了呢？別驚訝，根據海恩斯博士等人的數據，大腦平均在意志產生七秒前就開始活動了，也有更早在十秒前就會出現準備活動的情況。

換句話說，觀察腦的研究人員，應該可以告訴你，「你會在十秒後想按右邊的按鈕」，比當事者先預告意志的發生。

這時，最先開始準備的，是稱為「運動輔助區」的腦部位，也就是指揮身體運動的地方。「按鈕」這個手與手臂肌肉的活動，會在這裡做好準備。「按鈕」的準備活動，會先由腦開始，其後不久則會以「附加」的方式產生「想按」的感覺。想按的時候，其實腦中「按壓的準備」就已經就緒了。

若是如此，我們的「自由意志」到底是什麼呢？表現於意識上的「自由的心」不過是經常出現的幻覺——大致上應該沒錯。「意志」畢竟是腦的活動結果，不是原因。

我們來看一下運動輔助區有障礙的患者，這些人可能無法自己運動手腳前進，或者不能說話；又或者相反的，會增加無意圖的活動。從這些現象來看，可以認識運動輔助區是產生意圖的源頭。

最近，學界正熱衷於研究，由於大腦「沒有自由意志」，人們的行動反應會有什麼樣的變化。譬如，弗朗西斯・克里克（Francis Harry Compton Crick）的著作《DNA中有靈魂嗎——驚異的假說》（*The Astonishing Hypothesis*）中，有一節知名的「否定自由意志」，讀了以後就會明白，在意志運作前，大腦的準備活動是很隱微的。

在螢幕上請人解計算問題，從這件事我們能看到很有趣的一面。這是美國明尼蘇達大學沃斯（Vohs, KD）博士等人所進行的實驗。在此實驗中，裝有答案會偶爾瞬間出現在螢幕上的程式。在受試者相信自己有自由

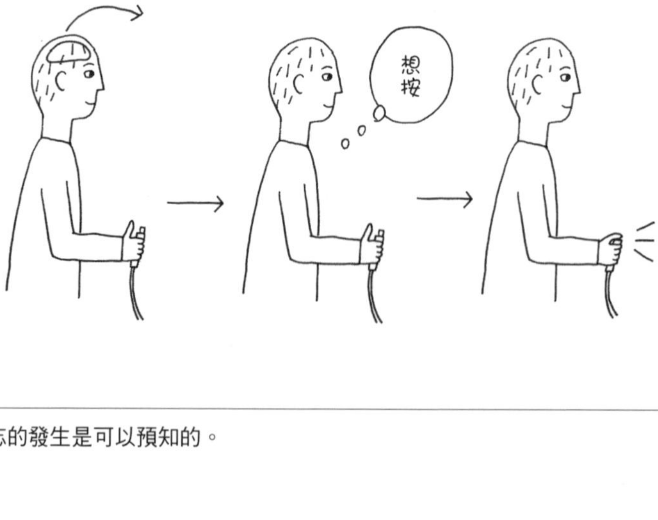

意志的發生是可以預知的。

意志時，即使看見答案，也會傾向當作沒看到而繼續解答；相對的，在告訴受試者「心沒有自由意志」的理論後，他則會傾向於使用看到的答案來回答。

沃斯博士將此結果解釋為：「這個結果可以非常清楚的說明，只要自由意志遭到否定，人們就會照著原本的想法行動」意思是，人會變得更老實地去隨順本能。

基督教以「全是神的天意」而將意志所不能解釋的選擇視為命運，像這種一神教式的世界觀，可能便與此說法有關。

顯示不同腦部位功能的腦地圖

那麼，究竟真正自由的「心」在哪裡呢？這個問題很重要。因為現在的社會，尤其是現在的法律系統，是以人類有自由的心為前提而制定的。

有個直接用電力刺激大腦，調查「自由」究竟是在哪裡的實驗。為了指出與感覺意志有關的腦部位，當然不能對受試者進行麻醉，必須在受試者本人意識清楚的覺醒狀態下進行實驗。你能想像這是怎樣的實驗嗎？

實驗在頭部表面施以止痛劑，用手術刀切開頭皮，再以夾子固定，然後，在頭蓋骨開個約十公分的洞，用電極刺激露出的腦表面。因為腦不會感覺到痛，麻醉頭皮，就能幾乎無痛地做實驗。

刺激腦，就會產生各式各樣的感覺與肌肉活動。再請本人對這些現象做實況轉播。於是，就可以藉此看見大腦於不同部位，所擁有的不同功能。刺激某個部位，就會覺得耳朵有感覺，或是刺激別的部位，就會覺得看到了光，或是恢復以前的記憶。重複這樣的實驗，就能畫出哪個腦部位負責什麼的「腦地圖」。

法國國家科學研究中心的西里谷（Sirigu, A）博士等人，藉由這一連串的實驗，接近了「人類是否有自由意志」這個哲學性的問題。

「自認為的自己」與「別人眼中的自己」

關於自由意志的一般討論，我已經在拙著《單純的腦，複雜的「我」》（单純な脳、複雜な「私」）中提過，這裡就讓我們試著從其他的觀點，來思考關於西里谷博士等人的新發現。

西里谷博士等人的發表可以歸納成下述：

刺激頂葉的某處，會讓手、手臂、嘴唇等身體的特定部位發生活動，想活動的「意志」，是因為電力刺激而產生的。不過請注意，實際上，這些部位並沒有活動，只是產生

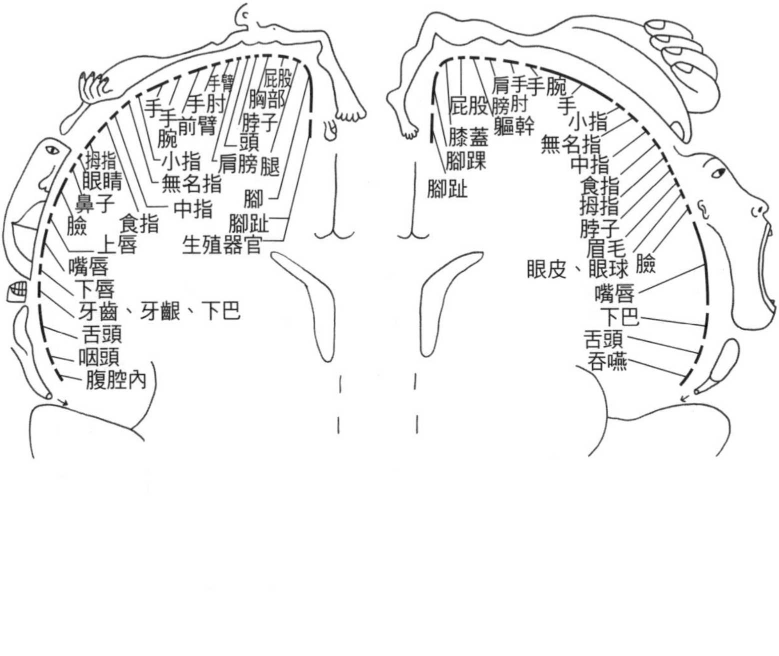

腦的不同部位，負責身體的不同部分——腦地圖。

了想活動的欲望，換句話說，頂葉是「主掌意志的腦迴路」。

博士等人也刺激過其他的腦部位，亦即「額葉」的「前運動皮質區」。只要刺激這裡，身體的部位就會按照刺激的地方產生動作，所以這裡是身體運動的執行系統。然而，儘管身體正在活動，本人卻沒有「動了」的自覺。也就是說，自己並無法意識到，自己正在行動這個事實。

讓我們回到剛才產生「意志」的頂葉，試著更強烈地加以刺激，於是發生了令人無法相信的事。儘管沒有實際活動，但身體卻感覺宛如「活動過」。即使告訴受試者他本人沒在動，他也不願相信此事實，因為他能感到非常真實的「活動」。

這個事實指出，不但「覺得想動」與「實際活動」是兩種不同的現象，就連「感到動過」與「實際活動」，對腦來說也是兩回事。

打算活動的腦，以及沒發現沒有活動的腦——讀了這篇論文，令人突然想起關於「自認的自己」與「別人眼中的自己」兩者的乖離。

打算做工作的自己，可是沒做的自己；以為會看場合說話的自己，可是其實不會看場合說話的自己——誰都有對自我評價的錯誤判斷（請參考第2個腦怪癖）。果然，人類這種生物，不可能靠自己來了解自己。

正因如此，我建議各位可以累積好的經驗，專心致志於能夠獲得好「反射」的生活方式，因為我確信，這是能最大限度、活用大腦的最快捷徑。如果能獲得好經驗，往後的行動就可以任憑大腦自動反射——還有什麼比這個積極、健全的生活方式嗎？

23
腦怪癖

愛睡覺

「睡眠時間」才是關鍵！

睡眠時間短不值得誇耀

人類的一生中有百分之三十左右是在睡眠中渡過，乍見下會令人覺得有很多時間是浪費在睡眠上。不難想像，我們腦科學家自然會被睡眠這個不可思議的腦現象給吸引。

睡眠時間因人而異，有的人是短眠型，每天睡不到五小時就夠，也有人是需要睡超過九小時以上的長眠型。

對於工作狂的日本人而言，坦白自己是「長眠型」，很需要勇氣。

員工正在縮減睡眠時間工作，上司卻每天睡十個小時，像這種情況就很沒面子，日本人很在意這種社會觀感。因此，正值壯年的日本人，多會傾向回答較短的睡眠時間。

我並不樂見人們對於睡眠抱有如此的印象。睡眠時間短並不值得誇耀，更何況，這又不能當作贖罪券。

理由有兩個：

一個是睡眠為生物學中必有的過程。睡眠（或是類似的安靜狀態）是所有動物都會發生的現象，這個事實說明了，睡眠是生物所必須的。實際上，若完全剝奪掉睡眠，一定會導致生物的死亡，即便是一點點的睡眠不足，也會降低學習與認知功能。

睡眠不單單只是休息，我認為，睡眠是與工作匹敵，甚至是比工作更重要的事。強調短眠，就像是以營養失調或厭食症為傲，並不是件健康的事。

另一個理由是，決定是短眠型或長眠

「長眠型」與「短眠型」。

型，遺傳性因素占有頗重的比例。實際上，我們已經知道世界上有幾個短眠型的血統，估計短眠型人口約占總人口數的百分之五（只不過，也有生活習慣或社會規範等的影響，但正確的數值並不清楚）。

若是如此，自豪「不是長眠型而是短眠型」，就和自豪「不是白人是黑人」「血型不是B型是A型」類似，會出現很複雜的問題。

短眠型的基因

目前已發現了好幾個短眠型的基因，譬如美國加州大學傅嫈惠（Ying-Hui Fu）博士等人的研究就很有名。他們發現的基因是DEC2，讀做「dec two」。

傅博士等人追蹤短眠血統的基因，推算出DEC2。DEC2是連接482個胺基酸的蛋白質，在短眠型的家族中，僅有一個第385號的胺基酸，會異於一般型的基因。

傅博士等人試著將這個短眠型的突變DEC2基因植入老鼠體內。結果發現，老鼠一天的活動時間可以延長二・五個小時，同樣的現象竟然也可以在植入基因蒼蠅觀察到。看來，突變DEC2有超越動物物種的普遍性效果。

在傅博士等人的發現中，必須注意的點是，DEC2並非是決定所有短眠型的基因，因為這基因出現的頻率，只是傅博士等人所發現的六十個遺傳變異族群之一，但可以肯定的是，還有其他相關的基因會影響到短眠。

怠惰思考的建議

接著讓我們來看睡眠的效果。首先，從構思能力來看。

一般認為，要靈光一閃，或是得到充滿創意的想法，有一個「最佳解決辦法」。根據格雷厄姆・華勒斯（Wallas, G）的說法，包括四個步驟：

I. 面臨問題

II. 擱置問題

III. 暫停思考

IV. 忽然想出解決的辦法

特別是步驟III很重要，這行為我們就稱之為「怠惰思考」。擱置眼前的問題是需要勇氣的，但為了找出辦法，就需要相應的醞釀期間。

可以反過來說，處理需要想法的工作，就必須擁有極度從容的時間去思考，再著手進行。

譬如若是「回覆期限在未來」的文件，不要連看都不看就擱置，而要姑且先看一遍，我相信，這樣想出辦法來的機會比較高，因此，我一直都是這麼做的。

可是，為什麼需要醞釀的時間呢？加州大學梅德尼克（Mednick, SA）博士等人的研究極富啟發性。

梅德尼克博士等人對七十七人進行了RAT測試。所謂的RAT測試，就是透過所給予的三個單字找出與它們相關的詞彙。譬如「黑白、中國、竹葉」，正解就是「貓熊」。

為了讓受試者回答出答案，會給他們很的長時間去思考。結果顯示，比起一直不睡覺的人，獲得充足睡眠的人會有比較

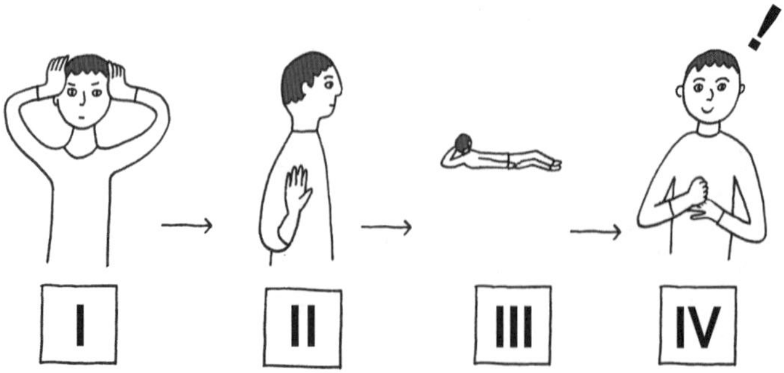

為了得「最佳解決辦法」的四個步驟。

好的成績。

有趣的是，並不是睡越久就越好，而是被稱為「REM睡眠」的淺眠越多，成績越高。雖然睡眠對生命來說是重要的生理現象，但並不是只要睡就行，還要講究睡眠的品質。

就寢前是記憶的黃金時段

接著來介紹最近有關睡眠與記憶關係的理論。

睡覺時，雖然身體處於休息狀態，但試著記錄腦部的活動會發現，神經元幾乎還是在全速運作中。換句話說，大腦在我們睡眠期間也不會休息。

關於腦在睡眠中做了些什麼，現在還有很多疑點，無法有決定性的答案。可是我們至少可以說，睡眠的其中一個作用是：「將記憶整理排序與固定化」。

實際上，有很多實驗數據都顯示出，記憶會因為睡眠而變深刻，稱為「記憶回溯現象」。美國芝加哥大學布朗（Brawn, TP）博士等人的研究，也證明了睡眠的這個作用。

布朗博士等人募集了兩百零七位大學生，測量他們的電玩成績。這是個探索虛擬空間，打倒越多敵人獲得越多分的動作遊戲。

因為敵人會獵殺自己的性命，所以必須閃開並回擊。遊戲的方式是用左手的鍵盤按壓方向游標移動，並用右手的滑鼠決定對目標發動攻擊。實驗進行的方式是，請受試者在早上九點練習這個遊戲六十分鐘。

在十二小時後，也就是晚上九點時再次請他們玩遊戲，結果平均得分降低了大概百分之五十。訓練後隔一段時間才玩，玩遊戲的成績就會降低，這是日常性的經驗。

然而，之後給他們約七小時的睡眠時間，隔天早上九點再進行測試，結果成績回到前一天剛訓練後的水準。這就是透過睡眠得到的記憶回溯效果，可見，睡覺的確具有提升成績的效果。

還有個更有趣的事實。若遊戲的訓練不是在早上九點，而改成在晚上九點進行六十分鐘。之後請他們睡上七小時，隔天早上九點再做測驗。

結果，儘管一樣隔了十二小時的空檔，這些人的成績非但沒降低，竟然還提升了約百分之二十，這也是記憶回溯效果。而且，透過睡眠增強的能力，在經過十二小時，也就是隔天晚上九點再次測驗，仍能維持良好的成績。

或許只憑這些研究，就要導出確定的結論，還嫌太快，但這個實驗結果實有很重大的啟發性。原因是，我們可以將這個數據解釋成，「為了最大限度利用睡眠的效果，我們不應該在起床後的早上學習，而應該在夜晚的睡前學習比較好」。

我自己一直都很注意這點，會在就寢前的一～二小時工作。或許這很像一種魔法，但我相信「就寢前是記憶的黃金時間」，所以從很早以前就這麼做。

你是「腳踏實地努力型」，還是「臨時抱佛腳型」？

學習的風格一般有兩大類——「每天孜孜不倦念書的類型」以及「最後才用高度專注力，一口氣決勝負的類型」，也就是可以分成「腳踏實地的努力型」或「臨時抱佛腳型」這兩種。

以專業術語來說，這兩種學習型

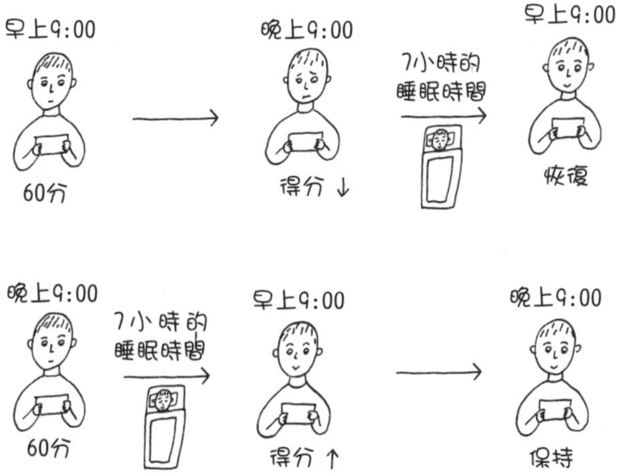

透過睡眠可提高能力。

態可以分別稱為「分散學習」和「集中學習」。分散學習是distributed learning 簡稱為「ＤＬ」；集中學習是massed learning 簡稱「ＭＬ」。

對於念書的態度，ＤＬ與ＭＬ哪個比較好呢？以「龜兔賽跑」這個伊索寓言的例子，一般人多覺得ＤＬ型比較好。

以下有個實驗正好證明了這點，這是紐約大學達芬奇（Davachi, L）博士等人所進行的實驗。

達芬奇博士等人募集了十六位二十二歲左右的男女，進行單字配對的記憶測驗。

魚 —— 針

星星 —— 鐘錶

紙 —— 口香糖

這個測驗就是請他們記住類似的單字配對共一百五十個，記憶的訣竅是「具體想像」。

然後，實驗將一百五十個單字配對，以不同的學習日程表請他們背誦。實驗準備了兩種日程表，請他們以各自的方法，記住共一百五十個單字。

所謂的兩種日程表就是，將學習分成兩天進行兩次的「ＤＬ（分散學習）」型，以及集中在一天進行兩次的「ML（集中學習）」。

至於測驗的成績，很意外地，在剛學習後所進行的測驗中，DL與ML都得到約六十分的分數，兩者並沒差別。

重要的是隔天再次測驗的結果。ML得到約二十分，比前一天成績減少為三分之一；相對於此，DL則停留在一半約三十分。

換句話說，ML與DL在瞬間達至學習效果這點上沒什麼差異，但採ML學習法的人，其忘記速度會比採DL學習法的人快。結果可以說，在學習時，一口氣死記硬背的結果很差，而採取適當的步調，孜孜不倦地進行，才能**保持記憶**。

將學習分成兩天，進行兩次的「DL（分散學習）」，以及一天進行兩次的「ML（集中學習）」

無論採DL或ML學習法，在學習後立刻所進行的測驗中，成績都沒差別，或許這在定期考試的分數上看不出太大差異。可是，站在長期的觀點來看，在腦迴路中留下更深刻痕跡的，還是孜孜不倦的念書類型。

如果念書的總計時間相同，將內容分散成好幾天去做，不管是對精神還是體力，或者對於累積實力來說，都是比較有利的。當然，這是因為學習的中途加入了睡眠這個要素。

另外，這裡要補述一點，根據達芬奇博士等人的意見，「聯想記憶（記住事物關聯性的記憶）比背誦更能發揮DL的效果」。

記憶會在睡眠中交互整理與固定

接下來的話題是有關睡眠品質。前面提過，睡覺時會重複淺眠與沉睡兩種型態。

大體說來，淺眠時「海馬迴」會發出名為θ波的腦波，進行腦內信息的再生；相反的，沉睡時的大腦皮質會發出δ波，進行保存記憶的作業。

在睡覺期間，大腦會交替進行記憶的「整理」與「固定」。

如果沉睡時能夠發出有效的δ波，記憶力就可能會變好。令人驚訝的是，有個針對這點所做的實驗，很成功地獲得了成果，這是德國呂貝克大學伯倫（Born, J）博士等人的一連串研究。

首先我們從二〇〇六年的研究開始介紹。此實驗聚集了十三名實驗對象來進行測驗。與剛才一樣，這實驗也是「單字配對記憶測驗」。像是「自行車—鯨魚」「蜥蜴—紅茶」這種在意義上沒有關聯的單字配對，請實驗對象在就寢前記憶四十六組的字詞。當然，要全部背下來很困難，但只要答對百分之六十，也就是只要記住三十組字詞就合格，受試者也可以選擇在回答前先去睡個覺。

參加實驗的受試者大部分是醫學生，真不愧是高材生，每個人平均都可以記住三十七組單字。

那麼，隔天早上七點起床再進行測驗時結果會如何？結果，可以想起來的單字配對增加了兩組，變成平均三十九組。這是目前為止已提過好幾次的記憶回溯效果，所以沒什麼好驚訝的。

可是，伯倫博士等人進行的實驗頗有意思，他們加入了讓大腦發出更強δ波的方法。他使用的方法，稱為經頭蓋電力刺激，也就是從戴在頭皮上的電極刺激腦的方式。睡眠中的人在發出δ波時，用δ波的節奏給予電力刺激，就能產生更強的δ波。

有趣的是，結果發現，沉睡時受到電力刺激的受試者，可以想起的單字配對增加了四組，達到平均四十一組。

玫瑰的香味會增強記憶力？

這真是令人振奮的實驗結果，只不過，這個實驗需要許多刺激的儀器，現實中，我們也的確沒辦法自己在家嘗試。那麼，有沒有比較簡單的方法呢？回應大眾這種要求的，正是伯倫博士等人。以下，讓我來介紹伯倫博士等人於二〇〇七年所發表的論文。

博士等人使用「氣味」來代替電力刺激，而他所用的是玫瑰的香味。如同第12個怪癖中所說明過的，嗅覺與視覺或味覺等的感覺訊息不同，會直接傳到大腦皮質，能夠活化海馬迴。而且，氣味也不會吵醒睡覺的人，確實是能讓人信服的作法。

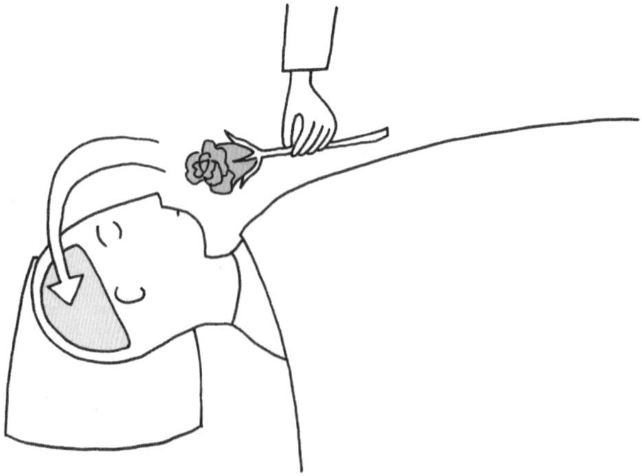

背誦能力會受到睡眠中的氣味刺激而被強化！

實驗是用與神經衰弱很類似的遊戲，是記住卡片配對位置的測驗。測驗時會請受試者一邊聞玫瑰的香味，一邊記住卡片位置。之後，在發出δ波的深沉睡眠中，再讓受試者聞玫瑰的香味。結果隔天早上，受試者接受測驗的分數，就會從沒聞氣味時的平均八十六分，提高到平均九十七分，可見，睡眠中的氣味刺激可以強化記憶力。

一般認為，睡眠有各式各樣的作用，但若僅從記憶方面來觀察，我們已經可以透過實驗來說明何謂「有效的睡眠」。

影響績效的因素，不只是白天工作的成果，也包括晚上睡眠的品質。雖然從前人們總是只追求長時間或舒適的睡眠，但或許現今的我們，正站在重新檢討這種想法的轉折點。

玫瑰的香味會增強記憶力！

24

腦怪癖

很神祕

靈魂出竅與「俯瞰力」的神奇關係

震撼生命倫理——人造生物的誕生

人們終於進行了震撼生命倫理的衝擊性實驗，或許應該說是「竟然進行了」創造出人造生物。這是美國克萊格・凡特研究所凡特（Venter, JC）博士等人的研究。

他們所創造出來的是一種稱為黴漿菌的細菌。很多人都知道，黴漿菌是肺炎的病原菌，在生命科學界，則因是世界上首個所有DNA序列都被破解的基因體而聞名。成功破解的，就是凡特博士等人的研究團隊。

他們接下來的實驗，就是以破解的DNA序列為範本，在試管中進行化學合成基因體。這個實驗運用了高度的科學技術，而這次的嘗試也獲得了漂亮的成功。

然後，他們將這個人工DNA，與另一種細菌的DNA更換，使細菌變身成黴漿菌。這個人造生物，會進行正常的新陳代謝，也會分裂增殖，是「完全的生命體」。

生物既然有父母，自然也就會有孩子。可是，這個細菌的祖先是「誰」呢？

除此之外，凡特博士等人還有意地導入基因的錯誤複製，創造出突變的黴漿菌。可以稱之為遺傳疾病，也就是「疾病」的黴漿菌嗎？還是稀奇古怪的新生物種呢？

這令人對既有的生命觀崩潰，感到頭昏眼花。科學家無止境的好奇心到底會讓如此不敬神的嘗試進行到什麼地步？

刺激「神」的腦迴路，會發生什麼事？

「神」這個詞彙出現了，自古以來，人類就有許多關於神的存在以及其樣貌的議論。有希臘神與耶穌這類，有著人類或動物面貌的神（或是神之子）。也有像猶太教或伊斯蘭教禁止偶像崇拜的。

我聽說年輕的科學研究者當中，有很多人都不相信有神存在，我目前也沒有特別的宗教觀（但不否定神）

可是，有人的地方幾乎都有宗教。這樣的人類歷史，代表人類在本能上，對於「成為神的事物」抱有親切感。換句話說，我們很容易可以想像得到，人類打從出生起，就帶著感應神的腦迴路。

那麼，要是刺激這個「神」的腦迴路，會發生什麼事？

這種研究目前進行了約二十年。雖然受到的批判很多，卻是很嚴謹的實驗。其中最有名的，該算是加拿大勞倫森大學伯辛格（Persinger）博士等人所做的一連串研究。

他們的手法很明確，以磁力刺激太陽穴後方的部位，就是相當於顳葉的部分，這時受試者就會清楚感覺到不存在的東西。

伯辛格博士等人刺激了九百人以上的「顳葉」，約有百分之四十的人出現某些知覺體驗。感覺到什麼會因人而異，通常是耶穌或瑪麗亞，又或者是穆罕默德，有些情況還會看見祖父的亡靈。也有相信UFO的無神論者，記述了被外星人誘拐的奇妙錯覺體驗。

奇妙的是，太陽穴的英文是temple，也就是「神聖殿堂」的意思。雖說是巧合，卻還真是有趣的。

為什麼人類天生會有感覺神的腦迴路？也許這部分是對生存有利的。牛津的哈里斯（Harries）主教回答此一疑問說：「創造人類的是神，所以自然會將相信神的心放入腦中。」

是神創造了心，還是心創造了神呢——這已經是超越科學界限的問題。

用科學來解析神是褻瀆？

然而，即使不受磁力刺激，我們從以前就知道，癲癇患者能感覺到神的存在。

根據日本熊本大學緒方明博士等人的研究，癲癇患者中有百分之一・三在發作時會有神祕的體驗。這樣的患者，都是因顳葉的因素才導致發病，這點與伯辛格博士等人的腦刺激實驗有共通性。

癲癇患者的宗教性體驗，在世界各國已受到證實，但緒方博士等人特別強調，對宗教意識不強的日本患者來說，也可以藉此而得到宗教體驗。換句話說，人類不是藉由教

清楚感覺到不存在的東西，理由是？

育或環境等學會宗教體驗，而是天生就具備宗教迴路的大腦，這樣的可能性很高。

看過顳葉癲癇發作的人應該知道，發作症狀會帶給看到的人很大的衝擊，第一次看到的人都會很驚訝。現在我們可以知道，癲癇發作的原因是神經元的過度活動，但看在醫學不發達的古人眼裡是如何的呢？看起來簡直就像是被神或惡靈奪走魂魄，而且，患者發作以後醒來，還會說些「看到神了」「聽到天啟」之類的話。在極為原始的宗教中，可能有不少癲癇患者是教主。

科學與宗教的關係很有趣。用科學解析神是褻瀆嗎？「神」的腦迴路被科學的手術刀解剖後，神聖的領域就會從人心中消失嗎？

我反倒認為了解這些，會更令人感覺到人類的可愛之處。在流行病學的研究中有數據指出，越有虔誠信仰的人，越健康長壽。另外也有實驗數據指出，如果教導人們提升對宗教的信仰，就會減少不正當行為的機率，並且變得待人和善。

因此，關於神的腦研究，絕對不是褻瀆神明，我反而願意相信，這研究和我們的健康有直接關係。實際上，歐美的科學根源本來就是宗教。人們想了解猶太教與基督教所謂「神創造的世界」是多麼巧妙的組成，以這願望為原動力，才使得科學進步。

相對地，也有研究主張「宗教感強烈的人很自我中心」。基督教國家美國的埃普利

（Epley, N）博士等人發表的論文就很有趣。根據埃普利博士等人的意見，其實「神的天意」並非什麼神的意圖，其實是（在本人沒有自覺中）反映出「本人的願望」。宣稱是神的命令，其實是自己的意見，狐假虎威——聽埃普利博士這麼說，或許真是如此。

容易被催眠術的人，與完全不受影響的人

因為這話題很深奧，就讓我們撇開宗教，談談神秘性的問題。

昏暗的燈光，眼前是輕快擺動的鐘擺，聽見不知從何處傳來的聲音：「來吧，你變成貓了，去向主人要飼料吧」。

這是在電視上會看到的催眠術場景。或許由於催眠術常拿來當作表演或娛樂活動，使得它有著「反科學」的形象。

當然，催眠既不是魔術也不是戲法，而是實際上發生的腦現象。這恐怕是人類在有歷史以前，全世界所有民族都知道，也積極利用的現象。

雖說如此，但並非任何人都會被催眠。根據美國史丹佛大學史匹格爾（Spiegel, D）博士研究，容易中催眠術的人，占全體人類總數的百分之十；有百分之二十是完全不受影響；剩下的百分之七十則要看催眠師的本領。容易被催眠的程度，也有年齡上的差距。

十二歲以下的孩童，有百分之八十以上會被催眠。一般認為，這是因為孩童的額葉活動還不充分，感受性較高的原故。

以下，讓我來介紹一個簡單的測驗。請試著說出以下的文字是以什麼顏色書寫的。「黑、灰、白」。如何？正解要讀為「灰、白、黑」，但人的意識會被文字所影響而產生混亂。這就稱為「斯特魯普效應」。在一般情況下，說對顏色會比讀對文字更困難。

有趣的是，在催眠狀態下，斯特魯普效應會消失。發現這個情形的是美國康乃爾大學的拉茲博士等人。同時他們也發現，在受到催眠時，額葉的「扣帶回」這個腦部位的活動會被抑制。一般知道，扣帶回是發現「矛盾」的部位，若受到抑制，就無法注意

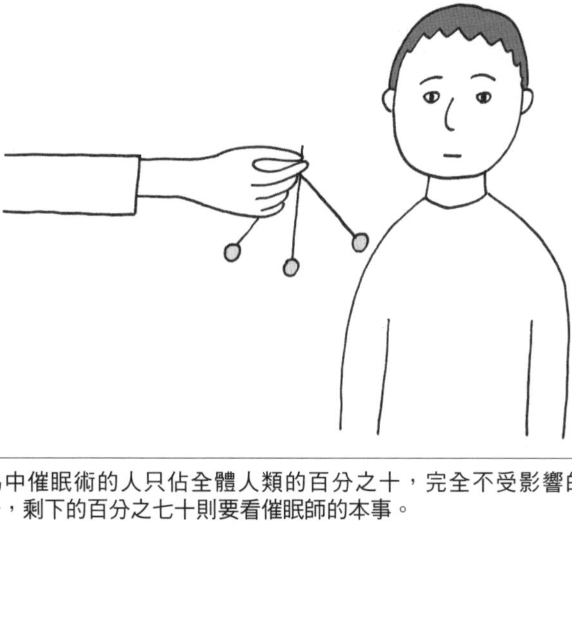

容易中催眠術的人只佔全體人類的百分之十，完全不受影響的有百分之二十，剩下的百分之七十則要看催眠師的本事。

文字與顏色的矛盾。換句話說，所謂催眠就是讓人的注意力下降，可解釋成是處於「無法察覺狀況不一致或不自然」的狀態。

催眠就是人為失智症

這樣的催眠研究在臨床上也很受到眾人的期待。催眠的其中一項重要特徵是「健忘」。

被催眠的人會降低回憶能力，但並非完全想不起來。譬如在催眠狀態下看過電影，雖然想不起內容，但還是能想起看電影時的狀況。

這是多麼不可思議的精神狀態。神經生物學者杜達伊（Dudai, Y）博士等人指出，「這個解離性的健忘症，類似於發生在老人身上的失智症」。換句話說，催眠就是人為的失智症。

失智症的問題所在之一，就是病程的發展需要花費長久的時間。人類要花幾十年才會得失智症，然而催眠術卻可以在瞬間使人進入類似失智症的狀態。

杜德伊博士等人利用催眠後的健忘，報告了此時對腦部狀態所做詳盡檢查的結果。

催眠研究被應用來幫助改善日常生活，是很值得高興的一件事，雖然如此，研究催眠的學者卻一致表示：「社會還是對催眠有根深蒂固的誤解與偏見，這會妨礙催眠科學的發展」。

「施催眠術」的英語是「mesmerize」，這動詞的由來是催眠術創始者德國醫師梅斯梅爾（Mesmer）的名字。梅斯梅爾晚年因失去信用而無立足之地。從這點可以看出，自從兩百年前開始，催眠的社會觀感就一直沒變。

何謂「自己」的存在？

對腦而言，當提到所謂的「自己」，會令人想到什麼呢？

家族旅行、高中的畢業典禮、婚禮宴會——只要翻開相簿，就會喚起我們各式的回憶。

不用實物，只看照片這種「平面」臉孔，就能夠判定誰是誰，這個能力看似理所當然，但其實非常不可思議。甚至連兩歲的小孩在照鏡子時也能認出自己的模樣，因此可見，辨識人臉的能力，應該在相當早期的成長階段，就已經很發達。

然而，根據美國加州大學鄂丁（Uddin, LQ）博士等人所進行的實驗，使用TMS裝置麻痺右側的「頂葉」下部，受試者就不能區別照片中的臉孔是自己還是別人。由於頂葉是辨認時空的重要腦部位，從這個實驗可以推測出來，「自己」其實是在腦內的時空中被創造出來的。

有可以靈魂出竅的腦迴路？

關於自己與別人的關聯，自古以來就受到頻繁的討論。近幾年，神經生理學者運用最尖端的技術，挑戰這個哲學性難題。以下，讓我來介紹瑞士日內瓦大學醫院布蘭克（Blanke, O）博士等人頗有意思的兩個發現。

如同第22個腦怪癖所介紹過的西里谷博士實驗，布蘭克博士等人也進行了同樣先進的實驗，亦即，在受試者有意識的狀態下，掀開頭蓋骨，將電極插入露出的腦加以刺激。

首先我要介紹二〇〇六年的論文。在這篇論文中，布蘭克博士等人刺激了左側的顳—頭頂的接合部位。結果發現，受到刺激時，受試者就會感覺好像有人在房間，而且那個人是立刻出現在自己背後。這種經驗大家應該都有過，就像在黑暗中心慌意亂的恐懼感，是一種很不舒服的感覺。

布蘭克博士等人詳細地調查這個現象，確認這個所謂的「有人在背後」，除了受到刺激的當事人，並無他人存在。會有這種感覺，是因為心會把身體的位置感知移動到背後。

不過，由於自己沒有發現這個事實，因此會覺得是「別人」。而且，覺得這個「別人」威脅到自己，這有點類似精神分裂症的強迫觀念，還挺有意思的。

我們追溯布蘭克博士等人的這個發現，再往前推4年前，有一件更令人驚訝的事。刺激右側頂葉的「角迴」部位，受試者的意識就會飛上空中約二公尺，並從天花板處看見「躺在床上的自己」。心和身體分離，從別人的角度來觀察自己，這可以說是靈魂出竅。

健康的人，約有百分之三十的人有靈魂出竅經驗。不過，若是一般情況，一生中只會發生一、兩次，很難成為科學的研究對象。因為如此，社會中多認為靈魂出竅帶有

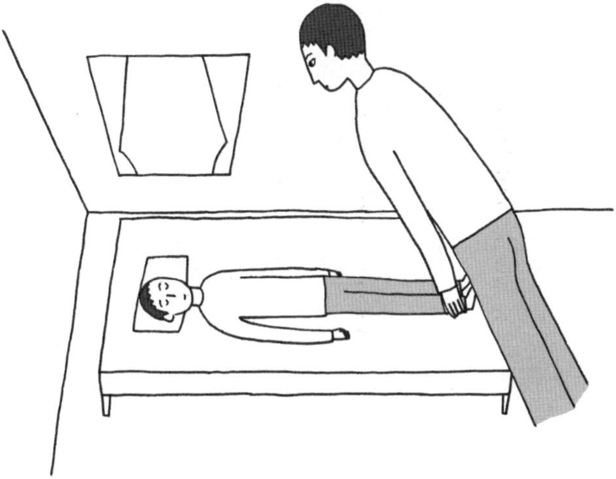

靈魂出竅，會擁有俯視力!?

神秘的迷信性質。

但布蘭克博士等人的刺激實驗，每次都會發生受試者靈魂出竅的情況，因此可說具有很大的科學性意義。

也許這麼說你會被嚇到，但其實在日常生活中，我們經常可以發現類似靈魂出竅的現象。譬如，在優秀的足球選手中，有人在比賽時可以從空中俯瞰運動場，進而看出有效的傳球路徑。這樣的俯瞰能力就很類似布蘭克博士等人，於實驗中所得出的靈魂出竅現象。

更進一步來說，客觀地自我評價，反躬自問言行舉止的「反省」，也是要從別人的觀點來遠眺自己。正因為有跳脫自我的能力，我們才能有成長。

靈魂出竅的腦迴路，可能正是為了具備俯瞰能力而存在的。主觀與客觀——站在這個奇妙的平衡點上，思考「自己是什麼」之際，頂葉將會是特別值得我們去探討的腦部位。

25

腦怪癖

冥想

為什麼「夢想實現了」？

冥想與腦的親密關係

瑜珈原本只是印度一個地區的運動，但卻在全世界流行，到現在，已成為廣為人知的存在。市面上不斷推出與瑜珈有關的商品與書籍，甚至是家庭用的電視遊戲機。

有不少運動選手將瑜珈排進每天練習的日程中。瑜珈之所以能擁有世界級的高人氣，就是瑜珈使用了以古老傳統為基礎的獨特冥想與呼吸法，這點也的確帶來很大的實質效果。

受此影響，近幾年，以科學研究冥想與大腦關係的報告大增。引燃此導火線的，是二〇〇四年在美國麻薩諸塞州進行的，以「探索精神」為主題的跨學科會議，會議聚集了以達賴喇嘛為首的佛教僧侶與一流的腦研究者，進行從神經科學的觀點來理解冥想的計劃。

身為冥想高手的佛教修行僧，與我們一般人的腦部運作方式有何不同呢？首先是美國威斯康辛大學戴衛森（Davidson, RJ）博士等人對八位西藏佛教的喇嘛進行了腦波記錄。

他們開始冥想時，腦波馬上就出現明顯的變化，產生伽瑪波的腦波。實驗發現，修行時間越長的高僧產生的伽瑪波會越強。

一般人即使冥想也不會產生伽瑪波。這個事實意味著，修行可以自己的意志控制腦波。這是大腦機能新的活用方式，從「可塑性」的觀點來看，這點在腦科學上也是頗有

長時間修行的高僧，可以控制腦波。

意思的。

伽瑪波與注意力、集中力有關。這意思是，可以自由控制伽瑪波的冥想高手，專注力也會很高。戴衛森博士等人更進一步研究，以ＭＲＩ測量出能夠創造「專注力」的腦部活動。

他們得到了很意外的結果。的確，比起一般人，修行高僧可以藉由冥想，更加活化需要專注力的腦。

這情況是發生在修行時間二萬小時左右的新手喇嘛；若是修行超過四萬四千小時的老練喇嘛，腦部的活化程度相當於一般人，卻仍能發出強烈的伽瑪波。

換句話說，新手喇嘛要集中精神冥想，而高僧則不用強力祈念「集中精神」，就能夠順利進入冥想狀態。不費力就能控制自己，成為沒有雜念的自然體——這就是高手的冥想。

集中精神的問題

但是，我認為專注力對動物而言本來就是不自然的一件事。集中精神的意思是不會被四周擾亂，集中意識在一點。請想像一下野生的動物，譬如斑馬集中精神在吃草，這樣好嗎？

要是斑馬這樣做，就會變成容易被肉食動物補食的獵物。野生的動物，不但要避免將意識集中在一點，反而需要一邊留意四周，一邊注意外敵的「分散力」。因此，野生動物讓自己不集中精神的「非集中力」很發達，唯有擅長此能力的動物才能倖存。

可是在人類世界裡，特別是現代的社會中，無論是念書或工作，總是在強調「專注力」。我覺得這傾向非常不可思議，剛才提到的戴衛森博士等人此時就發表了他們的研究。真正的高手，不用經過集中精神的刻意方法，就能達到目的，這個發現令我覺得很有趣。

「連續五天冥想二十分鐘」會有怎樣的變化

即便受試者不是僧侶，而是一般人，也能產生修行的效果。有個「透過冥想訓練，腦會如何變化」的實驗。實驗請了四十一位二十歲到六十四歲的自願者接受內觀冥想（佛教的代表性冥想之一）的訓練。測驗的方式是請他們閱讀並理解以高速顯示在電視畫面上的文字。

這個高難度測驗不只需要集中力，也需要有動態視力。不過，透過修行，可以提升正確的回答率。腦科學家調查大腦後發現，這研究可以朝向如何有效使用記憶的課題去延伸，將會改變我們使用大腦的方式。

此訓練每天要進行十小時以上、連續三個月的內觀修行，相當刻苦。光是聽到這樣的訓練內容，就讓人覺得卻步。不過，在更晚近的研究中，陸續出現了以下數據：每天做二十分鐘的冥想，連續五天，腦活動就會產生變化。這樣一來，就可以期待，有一天將結果活用於現實層面。

身體的動作與「未來形象」的奇妙關係

以下來談談關於想像力。最近有個意外的發現。

夢想、願望、期待——人類對未來抱有許多想像。在心裡描繪將來會具有的能力，不只是為了在心裡充滿希望、歡欣雀躍，對未來的描繪，是重要的能力，可以用來設想即將到來的場面，並準備周到的計畫，或是以長遠的考慮來經營人生。

「小孩沒有過去也沒有未來，所以就享受現在吧」，說此話的人是法國作家拉・布呂耶爾（Jean de La Bruyère）。他又接著說：「這對大人而言很困難」。

在我們成長的過程中，不知不覺會逐漸產生對未來做好準備的心，適切的預測能力對迅速的行動或決定是不可或缺的。

關於想像未來的能力，美國華盛頓大學的什普納爾（Szpunar, KK）博士等人有重要的發現。什普納爾博士等人，請二十一位實驗對象在心裡描繪未來與過去，並記錄他們大腦的活動。

譬如「下次生日有什麼樣的計畫」或是「上次生日做了什麼」等，結果發現，人們在想像未來時，某些腦部位才會出現活動。特別顯著的部位是「前運動皮質區」，也就是協調身體運動的大腦皮質。

身體的動作與未來形象有關，這真是令人意外的發現。

可是仔細一想，手伸向桌上的筆，腦會同時（無意識地）預測距離與位置，想著「這樣運動手與手臂的關節應該就能拿到」，並產生動作。換句話說，手腳動作的協調，是基於預想行動的結果。設計成身體運動用的神經迴路，也可以任意用在支配日常生活的未來計畫，真是很靈巧、進步的機制。

有個現象叫「觀念性動作」，是一種只要強烈想起什麼，身體就自然會動作的現象。例如很熱衷於看著電視上的拳擊比賽時，就會不自覺地揮拳；或是坐在車子的副駕駛座時，會不自覺地踩煞車。像這種在心裡描繪的行為，會與身體動作產生直接連動，這個經驗相信我們都有過。

運動選手的意象訓練，就是以此效果為目標。更進一步來說，「夢想實現了」也可以解釋成，透過具體描繪自己將來的形象，身體與腦自然就會朝目標做出準備。

「衰老」就是變得沒有夢想？

關於想像力的機制，有個有趣的事實，這與掌管記憶的腦部位「海馬迴」有關。美國哈佛大學的阿迪斯（Addis, DR）博士等人，在想像「栩栩如生」的未來時，右腦的海馬迴就會開始活動。另外，倫敦大學的麥奎爾（Maguire, EA）博士等人，則報告了海馬迴有障礙的患者，無法在心中描繪鮮明的未來。

與海馬迴有關，最令人在意的就是老化。在失智症中，受損害的部位就是海馬迴。海馬迴只要衰退，就無法描繪鮮明的未來形象。或許這就是所謂的腦「衰老」，也就是變得沒有夢想的說法。的確，為了夢想而眼睛發光的人，看起來總是很年輕。有夢想的重要性——從最新的腦研究成果來看，這點著實令人感到有一番新的體悟。

26

腦怪癖

抽象化

動手做就會有幹勁

「身體疼痛時」與「傷心時」

在第11個腦怪癖中介紹過一個實驗結果：「苦味」的臉部表情，與社會倫理被冒犯時的厭惡表情類似。經研究證實，用來感覺苦味的味覺腦迴路，在進化的過程中被轉用，不只是對苦味，也通用於在日常生活中的所有厭惡感。證實這個現象的，就是「痛苦回憶」這個隱喻表現，我們可以在許多語言中發現這個共同點。

類似的現象不僅在味覺，在各式各樣的身體感覺中也能見到。

譬如痛覺，像是「心痛」「胸痛」的表現就是。雖然沒有物理上的刺激，卻使用「痛」來比喻。心痛是人類共通的症狀，因而也就共通地存在於許多語言中。

關於心痛，美國加州大學艾森柏格（Eisenberger, NI）博士等人的研究很有名。博士等人進行了充滿獨特理念的實驗，他們使用了ball toss（拋球）的電視機遊戲來進行實驗。

請想像三個人練習排球的景象。這個遊戲是透過電視畫面與其他玩家互相拋接球。其中的兩名對手並不是真實的人，而是電腦，但玩家本人並未被告知。

參加遊戲的實驗對象，開始傳球並笑鬧。但從某個時刻起，另外兩名對手就不再傳球給自己，只有那兩人在玩。對，你被排擠了，被團體孤立，被社會孤立，這就是心痛的感覺。

這時，腦的反應會如何？實驗調查十三名受試者的腦活動，發現被同夥排擠時，一部分的大腦皮質「前扣帶迴皮質」會活動。檢查之後，詢問本人：「你感受到排擠感的程度有多少」，結果發現，前扣帶迴皮質活動越強，感覺到的孤立感也會越強。

這個發現的重點是，前扣帶迴皮質是身體有關「疼痛」厭惡感的腦部位。換句話說，也就是手腳等身體部位發生疼痛時，這個部位會有所活動，但是在心痛時竟會也會活動。

人類是社會性動物，若不幸被社會孤立，要生存會很困難。因此，我們必須時時注意自己是否遭受排擠。所以，使用疼痛的神經迴路，作為社會監視系統，可說是人體偉大的發明。動物的痛覺系統最為敏銳，利用偵測感度高的痛覺系統，就能高感度察覺社會的反應。

人的思考是從何處衍生的

最近有個富於啟發性的實驗，提出了數據報告，這是法國巴黎第11大學諾普斯（Knops, A）博士等人的論文。諾普斯博士等人發現，加法與減法等算術，與身體感覺有關。

左右活動的眼球運動，竟然是計算的基礎。

諾普斯博士等人，記錄了眼球往右轉與往左轉，大腦「頂葉」所出現的活動，並編寫成程式，用電腦自動判斷是往左右哪一方轉動。

接著，將這個程式用來判斷在進行加法與減法計算時的頂葉活動。結果顯示，我們可以高準確度地判定他人正在進行哪種計算。

諾普斯博士等人推測：「進行計算時，我們會想像一條左右延伸的數線，在進行加法的時候，會想像往右方移動的視點」。

的確，小時候我們在使用數線來學習加減法時，都會活動眼球。過了不久，即使不用實際動眼球，憑著想像眼球的移動，就能夠心算。成人後，雖然不會有活動眼球的實際行動，但偵測腦部，顯示眼球的活動仍然是算術的基礎。

於是，將一連串的發現串連在一起，就產生了「乍見覺得很抽象的人類高度思考，其實是從身體的運動衍生出來」假說。

追溯演化可以發現，原始的動物是在物質環境中進行身體運動。身體的移動，正是區隔動物與植物的一大特徵。

動物為了運動所需的裝置，在演化過程中形成了肌肉與神經系統，並使用高速的電子訊號，以迅速進行運動。而讓這個神經系統能更有效率的精密積體電路，就是「腦」。

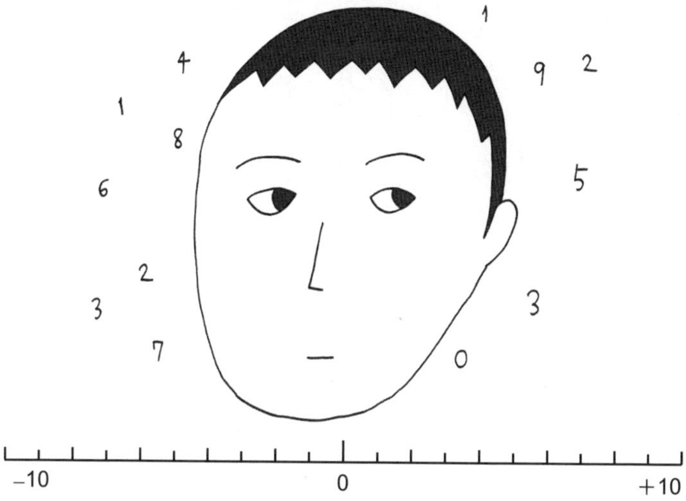

（透過）眼球心算

「心」是在腦迴路中的身體性省略

對腦而言，「身體」是重要的交通工具，是所有基礎功能的根基，是讓訊息發生，然後用來匯集訊息的基礎。

然而，腦更進一步進化時，就會省略身體，以想像完成動作。

觀察腦的構造，會發現它是階層式的。其中的「腦幹」、「小腦」，以及「基底核」這些部分在進化上算是古老的，每一個都與身體有密切關係。在這些舊腦的上面，存在著「大腦新皮質」，而大腦新皮質與身體的關係，比起舊腦遠不及。

大腦新皮質常被稱為「位於舊腦之上的高等組織」，但我寧可解釋成基層組織，至少在演化的初期應該是如此。

在演化過程後期才出現的大腦新皮質，是為了讓已經高效率運作的舊腦，更進一步協調活動的「預備迴路」或「促進器」，所以才新加入的新成員，就像是引擎的渦輪。如果只是想要維持生命，大腦新皮質不見得是必須的補充品。

這在演化的初期階段還無妨，然而隨著腦發育得越來越大，人類的大腦新皮質也會顯著擴大，接下來會發生什麼事呢？沒錯，多數決的原理開始產生作用，上下關係於是逆

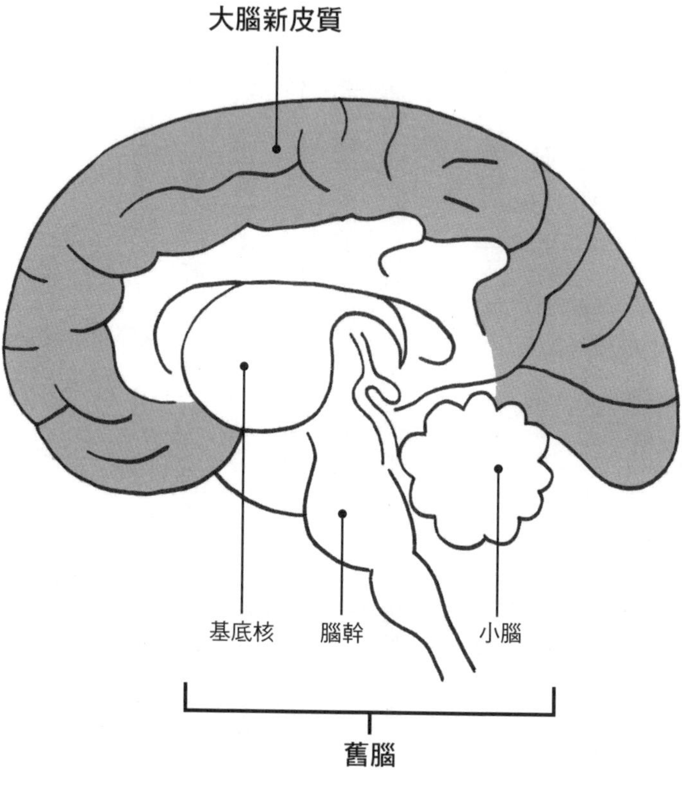

腦的構造是階層式的。

轉。

大腦新皮質的神經元，以壓倒性的多數占有腦部，於是**大腦新皮質的功能就比舊腦更占優勢**。

我認為，由於人類的腦超過這個臨界值，所以大腦新皮質發生了以下犯上的現象。大腦新皮質與舊腦不同，組織很稀薄。從解剖學來看，幾乎沒有與身體的直接連結。

因此，在大腦新皮質擁有主導權的人類腦袋中，就產生了**打算省略身體的習性**。結果產生的應該就是計算力、同情心，以及道德等功能。這些高度的能力，本是來自於身體的性質，可是卻從身體中得到解放，而獲得了這些能力。

「透過將身體運動與身體感覺**內部化**，大腦產生了高度的功能」，左圖整理了這個假說。

原本的腦形成了身體與訊息的迴圈。從身體獲得感覺，然後以運動的方式還給身體。身體的運動又再次以身體感覺的模式回到腦部。

譬如在飄溢著花香的情況下，蝴蝶會感知氣味傳到腦，這是來自身體感覺的輸入，腦將這個現象解讀為「食物的地點」，促使蝴蝶的身體飛往花的方向，這就是對身體運動的輸出。然後，如果蝴蝶能正確飛往花的方向，會發現氣味越來越濃。藉由繼續獲得這個濃度的訊息，蝴蝶就可以得知自己是飛往正確的方向，這個訊息就是對身體感覺的輸入。蝴蝶的身體與腦之間，訊息的流動形成了迴圈。

然而，像人類這麼大的腦，自律性很高，可以省略身體內部迴圈，只在腦內就完成信息迴圈，這個演算行為就是所謂的「思考」。人類的心，就是將腦迴路從身體性質解放出來的產物。

腦會利用既有的系統

若實際上調查腦，經常會發現，在行動與心理作用中，乍見沒有關係的腦迴路，受到共通使用。例如苦味與厭惡、痛覺與心痛、眼球運動與心算等的關係，就是很好的

腦會省略身體

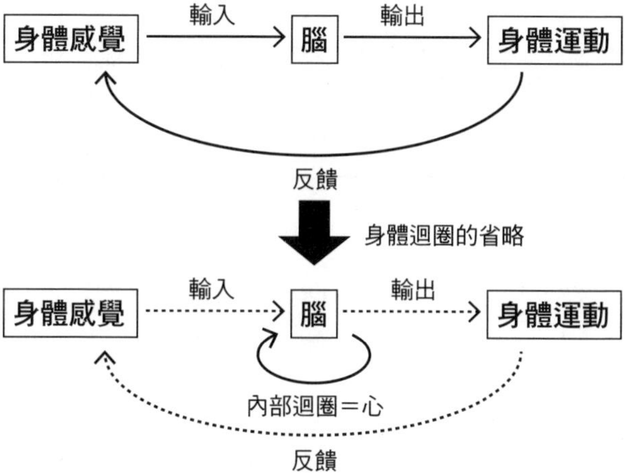

例子。這樣的事實暗示著，不同的大腦功能會共享系統發生的根源。

生物在演化的初期過程，就創造出了疼痛與眼球運動等極原始的生理感覺，與身體運動的迴路，因為這是極為有效的高通用性系統，後來大腦就排除身體性質，轉為他用。

在人類身上，可以看到為了高度的能力而創造出來的腦迴路。這個創造一定需要相當長的時間，也相當費功夫。既然如此，利用既有的系統，就能減少開發成本。轉用痛覺迴路給「社會性痛苦」的感受，這樣的發展不禁令人佩服，這是多麼巧妙的應用，對生物學而言，這樣是極合理的。

像這樣，將本來是因為其他目的而發揮作用的工具轉為他用，稱為「收編」。乍見之下好像層次很高又複雜的腦功能，可以想成是單純的神經系統收編。

腦為何而存在？

現在請試著重新思考，「腦」為何而存在？

現在的「腦」，是為了處理高度訊息而發揮功能的特殊組織。所以，當問到「腦的作用是什麼？」大部分人都會回答，「掌管精神」或「用來創造意識與心」。可是，這些功能並非腦的本質。

觀察原始的生物，就能明白腦原來的作用。在原始生物身上，腦是處理外界的訊息，發起適當運動的「輸入輸出轉換器」。有食物就靠近，有敵人或毒物就避開。雖然單純，但對生命來說，卻是做出重要反射行動的裝置。

原始的腦，完全就是專門處理身體感覺（輸入）與身體運動（輸出）的組織。以發展的角度重新思考，可以發現，即使所有的高層次腦功能都來自於身體控制的原始功能收編，也一點不奇怪，加減法和眼睛的活動有關，並不值得驚訝，我甚至認為，人類許多的心理作用基礎，都是源自身體性質。

譬如請試著回想幼年時期。幼兒在數數時，會彎著一根根手指頭數「1、2、3……」。年紀增長後，不用手指頭也可以算數學，是因為「手指」這個身體工具被內化。「數」這個抽象概念也一樣，可追溯到身體的起源。

有關身體性質的這些想法，以梅洛•龐蒂（Maurice Merleau-Ponty）為首的哲學家們以前就討論過，所以腦科學家以其他路徑，從科學上的見解導出了相同的結論，並不會令人感到意外。

根據這個想法，重新觀察我們的日常生活可發現，我們對許多抽象性標籤的誤解，就是源自於身體或行動。

譬如：

在街上與富有魅力的人擦身而過，眼睛就會不由自主地盯住對方。

覺得朋友沒什麼時間觀念，這次肯定又會遲到。

他因為很忙，一定沒有時間。

像這類都是誤解。雖然這些是屬於廣乏的敘述，但仔細思考就會發現，這些話中全都有奇怪的部分。

請試著重新思考，究竟「富有魅力的人」是怎樣的人？因為富有魅力，就會讓人的視線盯住不放嗎？當然不對。身體優先，我們卻把會吸引人視線的人，用語言表達成「富有魅力」。

同樣的，並不是「因為沒有時間觀念才遲到」，而是我們將經常遲到的人貼上「沒有時間觀念」的標籤，是表達「遲到」這個身體行動的頻率。「忙」的標籤也一樣，對於騰不出時間，或是無法在時間內完成工作的人，我們就會這麼稱呼。

不管是哪個情況，都是身體運動或行動習性，透過語言被標籤化。

加上標籤很方便，會感到「我明白了」。於是，標籤就開始獨立成形。可是，這是倒果為因的錯誤，原本這些詞彙是沒有任何實效性的。

標籤不是行動或性格的理由，而是結果。追究其核心，就會明白許多腦內表現，是身體或行動（不管外在、內在）被「語言化」的結果。

腦是何時產生語言的？

我認同語言在人類思考中扮演了很重要的角色。

可是，語言與腦的合作時間並不長。腦（的原型）形成的時間，根據調查化石的結果，推測約是五億年以前。另一方面，關於語言產生的時期則眾說紛云，我們就大概假設成是在十萬年前。比較兩者出現的時間，可了解語言是非常新的功能。

譬如，將腦誕生到現在的五億年期間類

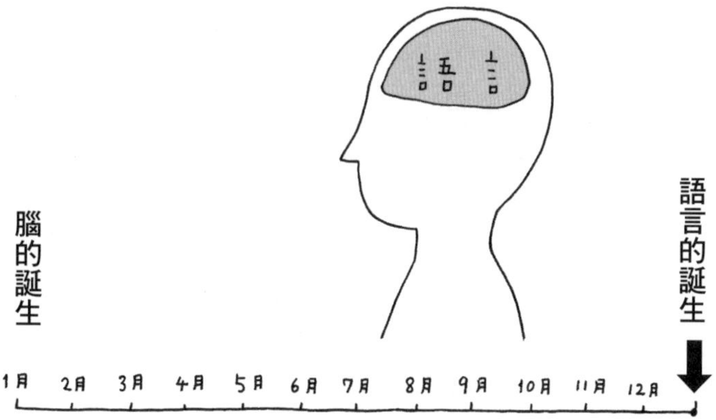

將腦誕生到現在的五億年縮短成一年……

比縮短成一年，再試著比較兩者的時間。腦產生語言的時間是十二月三十一日除夕的晚上十點以後。

換句話說，腦開始處理語言是最近才有的能力，在此以前，腦都在非語言的身體世界過日子。因此，藉由語言化就能理解一切，從腦的角度看來，是一件非常滑稽又奇妙的事。

心之所在

這些關於身體性質的一連串觀察，在本書的最後，我想以淺顯的例子來介紹。我想謳歌在日常生活中，身體經驗的重要性。

人的腦由於學會了省略身體這個方便的「技藝」，因而會反過來輕視身體性質。我們很能理解，若身體能不行動，而只在腦中將事情完成，是件很輕鬆的事。可是腦的存在，本來就是要用來與身體一起發揮作用的。

用手寫、發出聲音讀、玩玩具這類生動的實際體驗，對大腦功能的發展有著強烈的影響，這是我透過每天的腦研究所產生的直覺。

在房間念書與教室中成長，以及在山野或河岸邊到處跑而長大，這兩者身體性質的豐富度就有很明顯的差異。在書桌前念書當然重要，可是，我們也常能看到，重視孩子教育的家長，有時連讓孩子在公園的攀登架玩耍之類的戶外活動，都會以「掉下來很危險」「細菌很髒」等理由，而不讓孩子去接觸。這不禁令人感覺有些偏離腦的本質。

體罰——很明顯地，體罰是無法被社會所接納的。但從另一方面來看，身體性質是有意義的，這也是身為腦科學家不得不承認的事（當然，我不贊成體罰復活）。

電玩遊戲——我並不打算隨便煽動「遊戲腦」的有害性（我以前也很喜歡電玩遊戲，不僅如此，我甚至還經常介紹洛克菲勒大學巴佛利爾（Bavelier, D）博士等人的報告：「經常玩動作遊戲的人處理訊息的能力很高」）但我還是會指出電玩遊戲的有害面：那就是缺乏身體性質。在視、聽、味、嗅、觸的五感中，電玩至少缺乏了味覺與嗅覺。

精神與身體不能分開。心不是在腦裡，心是散布在身體與環境中的。

人的心會受到身體或環境的支配程度？

若身體與環境會規範精神，我們就有必要對過去自信滿滿所進行的判斷、決斷、意見、意圖等，從本質上進行重新思考。

譬如「選舉」，這是被要求表達**自己獨有**意見或態度的情況。可是，這種意志決定卻強烈依存於環境。

為了提升投票率，有一部分人主張在家投票或網路投票。可是，走到投票所在監視員支配下投票，以及在自己家中，單手拿啤酒輕鬆點擊畫面投票的情況，會連帶造成所支持的候選人，甚至連政黨都不同。這也沒什麼不可思議，因為身體環境完全不同。既然如此，哪種狀況才能反映真實的民意呢？

請試著思考不同的狀況。前幾天，有朋友找我商量，「我面對面和對方討論時可以冷靜應對，可是在電子郵件中，就會因不小心說出真心話而和對方吵起架來」。這點我很能理解。只是，這個案例是因為粗淺地掌握了「場面話」與「真心話」的表裡才會生出誤解來。

面對面時、寫電子郵件時……人的心會受到身體或環境多少的支配？

到底哪個才是真正的自己？是小心對待眼前的對方、重視社會性的自己？還是可以把想到的事情坦然說出來，身體性質薄弱的才是自己呢？

人類本來就是社會性生物。因此，在電子郵件中的言行（如同朋友所主張的），或許就是「真心話」。

人類的心有多大程度是受到身體或環境所支配的？我們平時總是感覺遲鈍，容易省略身體性質，因而我認為，要談論人類的行動心理，是很困難的。

才開始就半途而廢？

以下，我們再更進一步做探討。

腦有輸入和輸出，身體感覺（輸入）和身體運動（輸出）這兩點正是腦與所有外部的交點。因此，輸入與輸出一樣重要。

可是，如果硬要問輸入與輸出哪個重要，我會毫無猶豫回答「輸出」。意思是，運動比感覺重要。

理由之一，我在第13個怪癖中就有寫到：腦透過輸出來記憶。在腦中所記憶的訊息，選擇的基準並不是看那個訊息進入腦部的頻率，而是看記住那個訊息是否必要，也就是看訊息被使用的程度。

這件事也與第11個怪癖所提到「笑容」的效果有關。實驗數據指出，做出與笑容相似的表情，就能有愉快的心情。但我們不是因為快樂才笑，而是因為笑才快樂。換句話說，透過笑容這個表情的輸出，腦會創造出與此行動結果相稱的心理狀態，可見還是以輸出為優先。

類似的例子很多。像是「睏了所以睡覺」，乍見之下是很理所當然的行動，但卻是錯誤的表現。當然，因為睡眠不足、喝了酒或吃了安眠藥，而導致「想睡了所以睡」，也是可能的狀況。

可是，這狀況是非常少的。請想一下你每晚是怎麼入睡的。大部分的人是因為「就寢時間到了所以睡覺」不是嗎？或是「哎呀，已經這個時間了，明天還要上班」就睡覺了。

不管是哪種案例，都不是睏了所以睡覺，反倒是明明不想睡卻去睡。

那麼，要怎麼喚來睡意呢，就是使用身體。進入臥房後，關掉電燈，蓋上棉被並躺下後，睡意自然就會來襲。

把身體放在適合睡覺的狀況就會「想睡」，身體先，而睡意後，製造就寢的姿勢（輸出＝行動），就會形成與其相稱的內部（感情或感覺）。

有時在會議中或上課中想睡覺，也是因為安靜坐著的姿勢是休息的姿勢，畢竟身體就是觸發器。

「幹勁」也一樣，有許多案例是開始做以後才有幹勁。年底的大掃除就是個好例子。或許原本開始做時很沒勁，可是一旦開始作業，就會逐漸帶勁，而把房間打掃得一乾二淨，這種經驗應該每個人都有過。

常言道：「好開始就是成功的一半」。既然我們的腦被設計成「重視輸出」，我認為我們就要珍惜、注意輸出的生活方式。因為那是與以收編為基礎的腦，自然相處的方式。

羅馬詩人尤維納利斯留下了「健全的靈魂寄宿於健全的肉體」這句名言。就像這句

並不是想睡才躺下，而是躺下才想睡。

話所象徵的，以前的人一定是將**身體放在腦的上位**。

然而，後來出現了像是笛卡兒（René Descartes）與佛洛伊德（Sigmund Freud）等等，他們發覺精神重要性（然後，因為太強調精神），到了現在，就造成了把腦放在身體上位的奇妙錯覺。正因為現今是如此，所以我認為，要先注意，心是從身體衍生的，這個觀念是很重要的。

——人類的肉體是一大理性　尼采（Friedrich Wilhelm Nietzsche）

伴隨身體運動，神經元的活動會強化十倍

最後要介紹的是美國杜克大學克魯帕（Krupa, DJ）博士等人的研究。這研究記錄了老鼠的鬍鬚在接觸東西時的大腦皮質反應。請看下一頁的圖示，點的數量表示神經細胞的活動強度。

左邊的數據是實驗者讓老鼠的鬍鬚接觸東西（輸入重視〔感覺〕）時的神經元反應；右邊的數據是老鼠自己動鬍鬚（輸出重視〔行動〕）接觸東西時的反應。被動被告知的狀

況是左圖；積極去學習的狀況則是右圖。

從這張圖表我們能看出，**伴隨身體運動，神經元的活動會強化約十倍**。儘管老鼠的鬍鬚接觸的是相同的東西，傳到腦部的感覺刺激也相同，但腦的反應卻大不相同。

我想，我在本章欲傳達的訊息，其實用老鼠的腦神經元反應就能做總結了。比起幼稚而拙劣的文章，腦所表現的真實是事實遠勝於雄辯的。

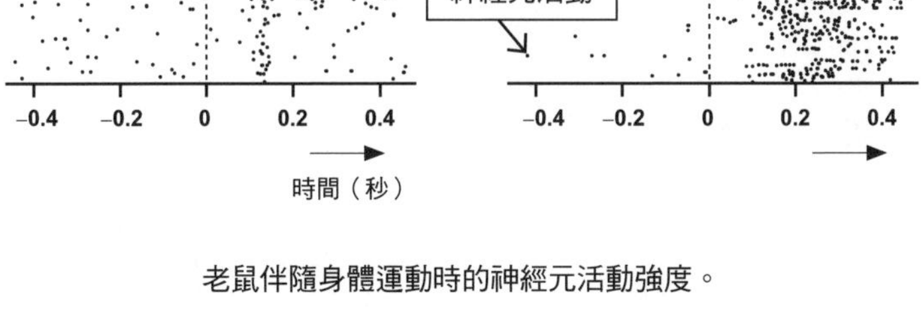

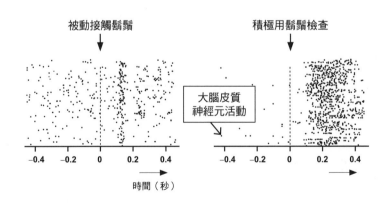

老鼠伴隨身體運動時的神經元活動強度。

結語

我是從事腦研究的科學家，在做研究的同時，也執筆寫作給一般讀者閱讀的書籍。不，說是「執筆」也許不太恰當，因為我過去寫的書，基本上與其說是自己寫的，不如說是對談或錄音講課等以其他方式整理成的東西，或者大半是過去發表的短論文。

採取這種執筆形式的理由有兩個。其一是我自己希望盡可能珍惜研究的時間，另一個原因則是我受到同業的批評：「如果有寫書的時間，就該更認真去做研究」。因此，這種無負擔出書的方式，就是我過往以來一直堅持的。

當然本書也不例外。本書的原型就是過去約五、六年的期間，我在雜誌或網路上書寫累積的短論文，而本書共匯集了長短近一百篇的短論文。

雖這麼說，但在出版之際，我仍不想偷工減料，原因該是來自學者的偏執癖。從書寫累積的短論文中，精選適當的部分，再各自分解成片段，重新組織，重寫文章。結果，這本書的內容就失去了原本的短論文樣貌。

因為是一邊研究一邊處理，光是編輯作業就需要兩年以上的時間。由於經過如此漫長的時間，有極少數的內容與過去的拙著重複。有些是為了說明研究背景，因而不能省略重複的部分，但是最大的原因還是由於當時這篇原型短論文才初次發表，來不及仔細修改，所以希望各位讀者能見諒。

最後要寫下我的感謝之詞。

我對於非常耐性地等待我作業好幾年的扶桑社山口洋子小姐，實在是慚愧以對。從她負責《脳有些辯解》（脳はなにかと言い訳する）一書以來，我便非常欽佩她不屈不撓，以及小心謹慎的態度。

我的祖父江裕子先生，在本書中為我畫了絕佳的插圖。

另外，關於本書的結構或想法，我想對總是給我精彩意見，幫助我執筆的長谷川克美先生致謝。

《VISA》的武田雄二先生、《日經商業Associe》的田中太郎先生、《經濟學人》的藤枝克治先生等相關人士，感謝各位給我書寫本書原型短論文的機會。

最後，謹讓我向家人與同事等支持我研究生活的各位致上謝意。

池谷裕二

索引

英文

三劃

四劃

五劃

六劃

七劃

八劃

九劃

十劃

十一劃

十二劃

十三劃

十四劃

十五劃

十六劃

十七劃

十八劃

國家圖書館出版品預行編目資料

東大教授告訴你,Science也不知道大腦的26個怪癖:理解大腦運作,人生變得輕鬆又有趣 / 池谷裕二作;陳冠貴譯. -- 初版. -- 新北市:智富, 2013.09
面; 公分. -- (Brain ; 4)
ISBN 978-986-6151-50-7(平裝)

1.腦部 2.行為心理學

394.911 102011974

BRAIN 4

東大教授告訴你，Science也不知道大腦的26個怪癖：理解大腦運作，人生變得輕鬆又有趣

作　　者／池谷裕二
譯　　者／陳冠貴
主　　編／陳文君
責任編輯／楊玉鳳・廖原淇
封面設計／鄧宜琨
照片提供／PHOTO AFLO
出 版 者／智富出版有限公司
發 行 人／簡玉珊
地　　址／(231)新北市新店區民生路19號5樓
電　　話／(02)2218-3277
傳　　真／(02)2218-3239(訂書專線)
　　　　　(02)2218-7539
劃撥帳號／19816717
戶　　名／智富出版有限公司　單次郵購總金額未滿500元(含)，請加50元掛號費
排版製版／辰皓國際出版製作有限公司
印　　刷／世和彩色印刷股份有限公司
初版一刷／2013年9月

ISBN／978-986-6151-50-7
定　　價／320元

[NOU NIWA MYOU NA KUSE GA ARU]
Copyright © 2012 YUJI IKEGAYA
All rights reserved.
First published in Japan in 2012 by FUSOSHA Publishing Inc.
Complex Chinese translation rights arranged with FUSOSHA Publishing Inc.
through Future View Technology Ltd.
Complex Chinese translation copyright © 2013 by Riches Publishing Co.,LTD.

合法授權・翻印必究

Printed in Taiwan

黏貼處

傳真：(02) 22187539

電話：(02) 22183277

世茂好書・豐富心靈

世潮精典・智慧同行

廣告回函

北區郵政管理局登記證

北台字第9702號

免貼郵票

231新北市新店區民生路19號5樓

世茂
世潮 出版有限公司 收
智富

黏貼處

讀者回函卡

感謝您購買本書，為了提供您更好的服務，歡迎填妥以下資料並寄回，我們將定期寄給您最新書訊、優惠通知及活動消息。當然您也可以E-mail：Service@coolbooks.com.tw，提供我們寶貴的建議。

您的資料（請以正楷填寫清楚）

購買書名：________________________________

姓名：____________ 生日：______ 年 ____ 月 ____ 日

性別：□男 □女 E-mail：____________________

住址：□□□______縣市________鄉鎮市區________路街
______段______巷______弄______號______樓

聯絡電話：____________________

職業：□傳播 □資訊 □商 □工 □軍公教 □學生 □其他：______

學歷：□碩士以上 □大學 □專科 □高中 □國中以下

購買地點：□書店 □網路書店 □便利商店 □量販店 □其他：______

購買此書原因：___ ___ ___ ___ ___ ___（請按優先順序填寫）
1封面設計 2價格 3內容 4親友介紹 5廣告宣傳 6其他：______

本書評價：___ 封面設計 1非常滿意 2滿意 3普通 4應改進
___ 內　容 1非常滿意 2滿意 3普通 4應改進
___ 編　輯 1非常滿意 2滿意 3普通 4應改進
___ 校　對 1非常滿意 2滿意 3普通 4應改進
___ 定　價 1非常滿意 2滿意 3普通 4應改進

給我們的建議：- - - - - - - - - - - - - - - - - - - -
- -
- -